ERIK BERTRAM UND
DOMINIKA WYLEZALEK

MIT ILLUSTRATIONEN VON
VÉRO MISCHITZ

Alles Zufall im All?

DAS GEHEIME
REZEPT DES
UNIVERSUMS

KOSMOS

Welches Thema dich auch begeistert – auf unsere Expertise kannst du dich verlassen. Und das schon seit über 200 Jahren.

Unser Anspruch ist es, dich mit wertvollem Rat zu begleiten, dich zu inspirieren und deinen Horizont zu erweitern.

BEGEISTERUNG DURCH KOMPETENZ
Unsere Autorinnen und Autoren vereinen professionelles Know-how mit großer Leidenschaft für ihre Themen.

WISSEN, DAS DICH WEITERBRINGT
Leicht verständlich, lebensnah und informativ für dich auf den Punkt gebracht.

SACHVERSTAND, DEN MAN SEHEN KANN
Mit aussagestarken Fotos, Zeichnungen und Grafiken werden Inhalte besonders anschaulich aufbereitet.

QUALITÄT FÜR HEUTE UND MORGEN
Dafür sorgen langlebige Verarbeitung und ressourcenschonende Produktion.

Du hast noch Fragen oder Anregungen?
Dann kontaktiere unsere Service-Hotline: 0711 25 29 58 70
Oder schreibe uns: kosmos.de/servicecenter

Inhalt

Prolog: Auf der Suche nach Antworten 4

Teil I: Die Quellen des Wissens 8
Gefangen in der Wüste 10
Das Universum im Computer 26
Das Tor zur Unendlichkeit 46

Teil II: Das frühe Universum 60
Und es ward Licht 62
Irgendwas ist schief 82
Geometrie mal anders 104
Kosmisches Finetuning 124

Teil III: Das späte Universum 146
Entstehung der Welteninseln 148
Die schlafende Galaxie 164
Zur richtigen Zeit am richtigen Ort 180
Raumschiff Erde 196

Epilog: Alles Zufall im All? 214
Danksagung 218
Quellen 219
Weiterführende Literatur 222
Bildnachweis und Impressum 223

Prolog

Auf der Suche nach Antworten

Wissen Sie, was ein „warmer Erpel" ist? Und dass beim Genuss eines solchen, wenn man das so nennen kann, die Meinungen gewaltig auseinandergehen? Doch können wir Sie beruhigen, denn keiner männlichen Ente wird hierbei auch nur ein einziges Haar, geschweige denn eine Feder, gekrümmt. Ein warmer Erpel ist im Grunde ein starker Shot der ganz besonderen Art, eine Mischung aus Schnaps, Tabasco und wahrscheinlich noch ein paar anderen magischen Zutaten, die man gar nicht so genau kennen will, die einem zu später Stunde aber irgendwann auch egal sind. Das Gemisch wird dann noch unter großem Getöse angezündet und kann in der sehr authentischen Studentenbar Destille – einer unserer vielen Lieblingskneipen in der Heidelberger Altstadt – genossen werden. Ein absolutes Muss für jeden Studienanfänger!

Erfahrungen wie diese sammelten auch wir beide – Dominika und Erik – im Wintersemester 2007/08, als wir zusammen unser Physikstudium begannen. Morgens die ersten Vorlesungen zur Astronomie und Astrophysik, am Abend dann die x-te Kneipentour durch Heidelbergs berühmt-berüchtigte „Untere Straße", ein kleines schnuckeliges Gässchen im Herzen der Altstadt, in der so mancher Student nach Mitternacht nicht mehr geradeaus gehen kann. Auf diese Weise lernt man zumindest seine Studienstadt ziemlich gut kennen.

Nun beschlossen wir einige warme Erpel später also, unser Studium gemeinsam zu bestreiten. Es war der Auftakt unserer Laufbahn in der Astrophysik. Unzählige Diskussionen über Gott, die Welt

Auf der Suche nach Antworten

und die Geheimnisse des Universums sollten folgen – Strategien zum Überleben der nächsten abendlichen Kneipentouren mit eingeschlossen.

Das Physikstudium war eine sehr lehrreiche, aber auch intensive Zeit. Die gemeinsamen Studienjahre vergingen wie im Flug, jedoch trennten sich schon bald unsere Wege. Dominika zog nach dem Studium nach England, danach ging sie als wissenschaftliche Mitarbeiterin in die USA, während Erik seiner Studienstadt Heidelberg treu blieb. Seit vielen Jahren teilen wir dennoch ein gemeinsames Ziel: Antworten auf die großen Fragen zu finden, die uns Menschen seit Urzeiten beschäftigen.

Zehn Jahre später treffen wir uns in einer kleinen gemütlichen Pizzeria in Heidelberg wieder, warme Erpel würden wir heute wahrscheinlich eh nicht mehr so gut vertragen. Dominika ist beobachtende Astrophysikerin, Erik theoretischer Astrophysiker geworden. Schnell können wir an frühere Gespräche anknüpfen: über die Irren des Lebens und die Rätsel des Universums. Welche kosmischen Zufälle über die Jahrmilliarden wohl passieren müssen, damit sich eine Astrophysikerin und ein Astrophysiker beim Italiener Gedanken über ihre Existenz machen können? Viele Fragen schießen uns durch den Kopf, während wir unsere Pizza vertilgen – Erik schwört auf Pizza Diavolo, scharf und mit vielen Zwiebeln, Domi dagegen liebt Pizza mit viel Knoblauchöl – und in alten Studienerinnerungen an vergangene Kneipentouren schwelgen.

Die Geschichte des Universums ist in jedem Fall bemerkenswert. Wir leben in einem Kosmos, der perfekt auf unsere Bedürfnisse abgestimmt zu sein scheint. Kann das alles wirklich Zufall sein? Oder steckt dahinter vielleicht ein extrem ausgeklügelter Plan? Aber wo ein Plan ist, da muss auch ein intelligenter Planer sein, oder nicht? Kann unser Kosmos auf einen Schöpfer hindeuten?

Wir möchten Sie, verehrte Leserinnen und Leser, in diesem Buch mitnehmen auf einen Streifzug durch die Geschichte des Kosmos. Dabei wollen wir die unglaublichen Umstände ergründen, die zur

Prolog

Entstehung des Universums, der Milchstraße sowie unseres blauen Planeten geführt haben – bis hin zu den ersten biologischen Lebensformen. Es sind Umstände, die einen zunächst völlig erstaunt zurücklassen und die jede Menge Fragen aufwerfen. Wir finden, dass die Geschichte des Universums sich manchmal sogar wie ein Märchen von den bekannten Gebrüdern Grimm liest, doch ob es ein Happy End gibt, das entscheidet jeder von uns selbst. Die Geschichte des Universums ist insofern auch eine Geschichte der Menschheit. Eine große Erfolgsstory?

Dieses Buch ist in drei Teile unterteilt, die Sie entweder der Reihe nach oder in beliebiger Reihenfolge lesen können.

In **TEIL I: DIE QUELLEN DES WISSENS** möchten wir Sie zunächst mitnehmen auf eine persönliche und unterhaltsame Reise durch die tägliche Arbeit einer beobachtenden Astronomin und eines theoretischen Astrophysikers. Wie gelangen wir eigentlich zu all den Erkenntnissen über das Universum? Während Dominika in lebhaften Erinnerungen über ihren letzten aufregenden Beobachtungstrip in die chilenische Atacamawüste schwelgt und beschreibt, welche Gefühle sie erst kürzlich beim Start des James Webb Space Telescope (kurz: JWST) überkamen, schildert Erik die Leiden eines Theoretikers, der sich sehnlichst wünscht, seinen (virtuellen) Kosmos endlich zum Leben zu erwecken.

In **TEIL II: DAS FRÜHE UNIVERSUM** soll es um die Frage gehen, wie das Universum scheinbar einfach so aus dem Nichts entstehen konnte. Bereits in den ersten Sekunden unserer kosmischen Geschichte wurden wichtige Weichen für die spätere Entwicklung gestellt. Doch wieso ist überhaupt etwas und nicht nichts? Und wie konnte ein solch „perfekter" Kosmos das Licht der Welt erblicken?

In **TEIL III: DAS SPÄTE UNIVERSUM** beleuchten wir dann die Zeit, ab der das Universum „erwachsen" wird. Nur rund 500 Millionen Jahre vergingen vom Urknall bis zur Entstehung der ersten Sterne und Galaxien. Allerdings unterschieden sich diese zur damaligen Zeit noch deutlich von den Sternen und Galaxien, die heute unser Universum bevölkern. So waren die ersten Sterne zum Beispiel noch viel massereicher und kurzlebiger als die heutigen – keine guten Voraussetzungen, um dauerhaft ein stabiles Planetensystem zu beherbergen. Und auch nicht jede Galaxie bot immer großartige Bedingungen. Denken Sie an manche Immobilie: Selbst auf dem Galaxienmarkt tummeln sich gute und weniger gute Objekte. Die einen mögen an einem tollen kosmischen Traumstrand liegen – mit grandiosen Temperaturen, toller Aussicht und einem Fünf-Sterne-Italiener wie dem unseren um die Ecke –, während andere selbst bei eBay-Kleinanzeigen noch nicht mal einen Abnehmer finden. Es sind die Looser-Galaxien, wo zwar die Kaltmiete billig ist, aber niemand so wirklich einziehen will. Und wer will schon sein ganzes Dasein in der Nähe kosmischer Kläranlagen fristen?

Erlauben Sie uns noch ein paar organisatorische Kommentare.

Wann immer es uns notwendig erschien, haben wir versucht, den Text mit entsprechenden Referenzen sowie weiterführender Literatur zu versehen, ohne dabei den Lesefluss zu stören.

Natürlich ist kein Text frei von Fehlern. Sollte sich an der ein oder anderen Stelle dennoch unerwartet der Fehlerteufel eingeschlichen haben, bitten wir um Entschuldigung, freuen uns jedoch über eine kurze Nachricht via E-Mail, Social Media oder Brieftaube.

Darüber hinaus müssen wir eine passende Auswahl an Themen treffen, wir wollen Sie schließlich nicht mit den ganzen Details langweilen. Wenn wir also manche Aspekte nur kurz oder gar nicht anreißen, sollte dies keinesfalls als Ignoranz gegenüber unseren Kolleginnen und Kollegen gewertet werden.

Begleiten Sie uns nun im ersten Teil auf unserer Reise durch die Welt der riesigen Teleskope sowie der logischen Bits und Bytes. Und während Sie umblättern, ordern wir derweil noch eine große Portion Tiramisu.

Teil I
Die Quellen des Wissens

Ohne den unbändigen Forscherdrang vieler Physikerinnen und Physiker auf der ganzen Welt würde unsere menschliche Spezies heute vermutlich noch in der wissenschaftlichen Steinzeit vor sich hin vegetieren. Egal ob Theoretiker oder Beobachter, Experimentatoren oder verkopfte Genies, sie alle haben ihren Teil zur Erforschung unseres Universums beigetragen. In diesem ersten Buchteil soll es um verschiedene wissenschaftliche Methoden gehen, die in der Astrophysik heutzutage eine breite Anwendung finden.

Beginnen möchten wir das erste Kapitel mit einigen spannenden Erkenntnissen aus der nicht ganz einfachen Arbeit einer beobachtenden Astronomin, die inmitten der chilenischen Atacamawüste ihr Glück bei einer ihrer Beobachtungskampagnen sucht. Das zweite Kapitel beschäftigt sich anschließend mit den Unwägbarkeiten der theoretischen Modellbildung im Computer, während das letzte Kapitel einen Ausblick gibt auf das, was die Öffentlichkeit in den kommenden Jahren erwarten wird: atemberaubende Bilder und neueste Daten vom weltberühmten Weltraumteleskop JWST.

Gefangen in der Wüste

Unser heutiges Wissen über das Universum stammt zum Großteil aus Beobachtungen des Nachthimmels. Vor ein paar hundert Jahren nur mit den eigenen Augen möglich, bauen wir heute riesige Teleskope, um auch das Licht der entferntesten Objekte im Universum einzufangen. Am besten geht das in der chilenischen Atacamawüste. Dominika nimmt Sie mit auf ihre persönliche Reise in die Wüste und sinniert über die Einsamkeit kalter Wüstennächte unter der Teleskopkuppel. Wie funktionieren Teleskope eigentlich und wie werden sie uns eines Tages verraten, warum es uns gibt?

Gefangen in der Wüste

HABEN SIE SCHON MAL EIN STEAK zum Frühstück gegessen? Nein? Ehrlich gesagt hätte ich auch nie gedacht, dass mir so etwas kurz nach dem Aufwachen schmecken würde, aber das tut es. Besonders, wenn man nachts arbeitet, tagsüber schlafen muss und mittags aufsteht. Wenn man nächtelang vor Bildschirmen sitzt, Koordinaten einstellt, den Luftfeuchtigkeitsmesser und die Windrichtung überprüft und mit einem Riesenteleskop in die Weiten des Universums blickt. Einem Riesenteleskop, das auf einem Gipfel ca. 2600 Meter über dem Meeresspiegel inmitten der chilenischen Atacamawüste erbaut wurde.

Die Szenerie ist mehr als surreal, denn weit und breit gibt es keine menschliche Siedlung. Genau deswegen wurde dieser spezielle Ort als Standort für das Teleskop ausgesucht. Nachts ist es extrem dunkel. Es regnet fast nie, der Himmel ist an mehr als 300 Tagen im Jahr wolkenlos. Die Luft ist so trocken, dass sich schon nach wenigen Tagen Aufenthalt kleine Schüppchen auf der Haut bilden. Dafür ist der Ausblick atemberaubend: Im Westen erstreckt sich der Ozean, die Weite der Anden im Osten.

An diesem abgelegenen Ort, wohin sich vielleicht einmal ein Wüstenfuchs verirrt, aber sonst nicht viel lebt und vegetiert, wurde ein riesiges Observatorium in die Wüste gestellt und Infrastruktur gebaut, sodass mehr als einhundert Menschen auf diesem Berg temporär wohnen und arbeiten können, Schlafräume, Kantine, Fitnessraum und Swimmingpool inklusive. Mitten in der Wüste. Und doch wird es abends, wenn die Sonne am Horizont über dem Pazifik untergeht und die ersten Sterne und Planeten am Himmel auftauchen, seltsam ruhig.

Die Nachtschicht arbeitet hochkonzentriert daran, die Kuppeln der Teleskope zu öffnen, die exakten Koordinaten herauszusuchen und mit der Arbeit zu beginnen. Eine Arbeit, die bedeutet, nachts hellwach zu sein, tagsüber zu schlafen und mit den größten Augen der Menschheit tief ins Universum zu blicken. Zu sehen, um zu verstehen. Eine solche Arbeit bringt so einiges durcheinander, und dann schmeckt auch ein Steak zum Frühstück.

Sternengucker

Wie Sie richtig kombiniert haben, bin ich beobachtende Astronomin. Ich arbeite täglich daran, Fragen zur Zusammensetzung, Entstehung und Entwicklung unseres Universums auf den Grund zu gehen. Der Sternenhimmel verbindet auf besondere Weise alle Menschen und Kulturen auf der Welt. Seit Tausenden von Jahren schauen wir zum Himmel hinauf und bewundern die geheimnisvolle Schönheit der Gestirne. Im Prinzip sind wir alle, Sie und ich, Astrominnen und Astronomen.

Sie mögen jetzt ungläubig den Kopf schütteln und insgeheim froh darüber sein, nicht fünf Jahre Physik studiert zu haben. Aber sicher haben Sie schon mal über mehrere Tage beobachtet, wie die Mondsichel erst ganz schmal erscheint, dann am nächsten Tag ein wenig dicker und noch dicker wird, bis sie irgendwann keine Sichel mehr, sondern ein Halbmond ist. Anschließend wird er immer breiter, bis nach 14 Tagen der Vollmond in seiner vollen Pracht erstrahlt.

Für Sie ist dies vielleicht nichts Besonderes mehr, weil wir heute wissen, dass der Mond eine Steinkugel ist, der von der Sonne angestrahlt wird und je nach Winkel mal als Sichel, Halbmond oder Vollmond erscheint. Aber zu irgendeinem Zeitpunkt wurden solche

Dieses Panorama wurde über dem Very Large Telescope (VLT) der ESO (European Southern Observatory) auf dem Cerro Paranal während der totalen Mondfinsternis vom 21. Dezember 2010 aufgenommen. Den rötlich verfinsterten Mond sieht man rechts im Bild, während sich das Band der Milchstraße über den gesamten Himmel zieht.

Beobachtungen zum ersten Mal von einem Menschen gemacht. Der Erkenntnisgewinn ist für uns deshalb von großer Bedeutung.

Wir besingen dies sogar im berühmten Schlaflied „Der Mond ist aufgegangen", das ich meinen Kindern gerade jeden Abend zum Einschlafen vorsinge:

> *Seht ihr den Mond dort stehen? –*
> *Er ist nur halb zu sehen,*
> *Und ist doch rund und schön!*
> *So sind wohl manche Sachen,*
> *Die wir getrost belachen,*
> *Weil unsre Augen sie nicht sehn.*

Heute, im Jahr 2023, ist der Erkenntnisgewinn, den wir durch Beobachtungen mit unseren menschlichen Augen machen können, allerdings überschaubar. Wir brauchen Daten von Teleskopen, weil unsere Augen nicht sensibel genug sind, um das Licht ferner Sterne, Galaxien und Haufen an Galaxien wahrzunehmen und aufzulösen.

Sie kennen sicherlich den „Großen Wagen". Wussten Sie auch, dass der mittlere Deichselstern des Wagens eigentlich ein Doppelstern ist, also aus zwei benachbarten Sternen besteht? Wenn man genau hinsieht, kann man das mit bloßem Auge erkennen, und mit einem guten Fernglas ist der Doppelstern sogar deutlich erkennbar. Um also noch weiter als nur bis zu diesem Doppelstern sehen zu können, bauen wir uns riesige Teleskope aus Linsen und Spiegeln in die Wüste. Diese Systeme sammeln dabei Licht für uns ein, wobei gilt: Je größer, desto besser.

Dunkle Wüsten und einsame Berge

Die Teleskope in der chilenischen Atacamawüste gehören zu den größten Spiegelteleskopen der Welt. Sie sind vorrangig „optische" Teleskope und funktionieren wie riesige Augen, die genau das Licht einfangen, das auch wir sehen können – nur eben viel besser. Diese bodengebundenen Teleskope befinden sich auf den Gipfeln von Bergen, die sorgfältig für den Teleskopbau ausgewählt wurden und mitten im Nichts, abseits jeglicher Zivilisation, liegen. In sehr aufwendigen Expeditionen wird entschieden, ob man das Teleskop nun auf Berg A oder B bauen wird. Doch was sind die entscheidenden Kriterien?

Auf einem Gipfel wie dem Cerro Paranal in Chile oder dem Mauna Kea auf Hawaii hat man für gewöhnlich einen tollen 360-Grad-Rundumblick, also genau das, was man braucht, um den Nachthimmel in alle Richtungen zu beobachten. Und natürlich möchte man auch so oft wie möglich beobachten, denn die Teleskope kosten Geld. Die Zugspitze eignet sich deswegen nicht, weil der Gipfel an vielen Tagen im Jahr in einem dicken Wolkenmeer schwimmt. Es regnet, schneit oder die Sicht geht fast gegen Null.

Generell gibt es einige wenige Orte auf der Erde, an denen es kaum Wolken gibt und die atmosphärischen Bedingungen exzellent sind. Diese Orte muss man finden und deren Wettereigenschaften über Jahre hinweg beobachten. So haben sich in den letzten Jahrzehnten einige Standorte auf der Erde herauskristallisiert, die sich hervorragend für unsere Beobachtungen eignen. Das Zusammenspiel von Meeresströmungen mit den Besonderheiten der geographischen Standorte führen zu einer ungewöhnlich stabilen und gut vorhersagbaren Wetterlage und machen diese Orte zu den *prime spots* für den Teleskopbau.

misst ein Hauptspiegel der VLT-Teleskope im Durchmesser

Warum sind diese Orte so wichtig? Ein entscheidender Grund ist die Lichtverschmutzung. Haben Sie schon mal versucht, bei Nacht in Frankfurt, München oder Berlin den Großen Wagen oder das Sternbild Cassiopeia zu beobachten? Keine Chance. Die Lichter, Leuchtreklamen und Straßenlaternen sind schuld daran. In Städten ist es nie dunkel. Wir in Europa wissen aufgrund der konstanten Beleuchtung fast gar nicht mehr, was echte Dunkelheit ist. Selbst in scheinbar einsamen Dörfern im tiefen Herzen von Bayern ist die Lichtverschmutzung nicht vernachlässigbar.

Um jedoch Galaxien zu beobachten, die mehrere Milliarden Lichtjahre entfernt sind, muss es richtig dunkel sein. Selbst das Licht einer einfachen Taschenlampe stört dabei. Also sucht man sich Orte, die fernab jeglicher Zivilisation liegen, wie zum Beispiel Orte in der chilenischen Atacamawüste.

Dementsprechend einsam kann die Arbeit an so einem Teleskop sein. Es gibt im Umkreis von hunderten Kilometern keine Städte, man kann abends nicht mal spontan in eine Bar gehen oder Freunde treffen. Immerhin ist man von Kolleginnen und Kollegen und Personal am Observatorium umgeben, mit denen man zusammenarbeitet, isst, und nicht selten zusammensitzt und eine Cola oder einen

Kaffee trinkt. Alkoholische Getränke sind in den meisten Observatorien jedoch nicht erlaubt, koffeinhaltige dafür umso beliebter. Nicht selten kommt dabei das Gefühl von einem Sommercamp auf: wenig Schlaf, viele Aufgaben und immer die gleichen Leute. Gefangen in der Wüste eben.

Regenbogen 2.0

Neben „optischen" Teleskopen, die das Licht beobachten, das wir auch mit unseren Augen sehen können, werden Teleskope und Satelliten gebaut, die Infrarotlicht, Radio-, UV-, Röntgen- und Gammastrahlung beobachten können. All diese „Lichtarten" stellen verschiedene Abschnitte des elektromagnetischen Spektrums dar. Dabei unterscheiden sie sich darin, wie lang- bzw. kurzwellig die jeweilige Strahlung ist. Je kurzwelliger, desto energiereicher und gefährlicher ist sie für uns Menschen.

Deswegen müssen Sie bei einer Röntgenaufnahme einen dicken Bleimantel anziehen, damit wirklich nur der zu untersuchende Körperteil die Strahlung abbekommt. Und außerdem cremen Sie sich aus diesem Grund im Sommer hoffentlich immer gewissenhaft mit Sonnencreme ein, um Ihre Haut vor der UV-Strahlung der Sonne zu schützen.

Radiostrahlung wiederum ist sehr langwellig und somit energiearm. Eine Radiowelle kann mehrere Zentimeter oder sogar Meter lang sein, weshalb sich Radiowellen außerordentlich gut eignen, um Informationen risikofrei über weite Strecken zu übermitteln.

Teleskope können, je nach Bauart und Standort, Licht dieser verschiedenen Wellenlängen erfassen. Nur wenn man all diese Informationen über verschiedene Wellenlängen hinweg miteinander kombiniert, kann man sich ein vollständiges Bild von einem Objekt machen. Das rührt ganz einfach daher, dass verschiedene physikalische Prozesse zur Emission von Strahlung bei unterschiedlichen Wellenlängen führen.

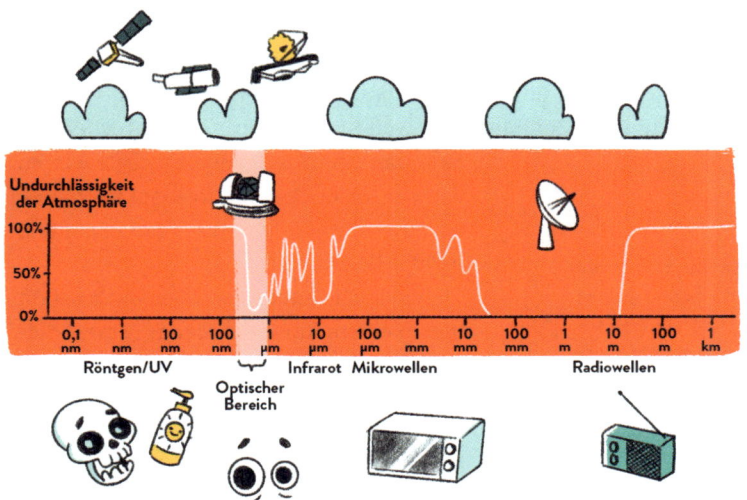

Das elektromagnetische Spektrum reicht vom kurzwelligen Röntgen- bis zum langwelligen Radiobereich.

Sterne etwa senden ihr Licht hauptsächlich im sichtbaren Bereich aus. Unsere Sonne zum Beispiel ist ein Stern mit einer Oberflächentemperatur von ungefähr 6000 Grad Celsius. Der Großteil ihrer Lichtemission befindet sich im Optischen. Nicht zufällig sind unsere menschlichen Augen in genau diesem Bereich am empfindlichsten auf das Sonnenlicht abgestimmt. Warmer Staub in Galaxien hingegen emittiert vor allem im Infraroten, heißes Gas im Röntgenbereich. Mit „warm" werden hier Temperaturen von rund -240 Grad Celsius und mit „heiß" Temperaturen von fast 100.000 Grad Celsius bezeichnet. Die Bedingungen in Galaxien sind extrem. Wenn wir nun also verstehen wollen, wie Staub, Gas und Sterne in einer Galaxie miteinander wechselwirken, müssen wir diese Galaxie sowohl mit einem Röntgensatelliten, einem optischen Teleskop als auch mit einem Infrarotteleskop beobachten.

Analog zu Phänomenen, die wir aus unserem Alltag kennen, können wir uns folgende Situation vorstellen: Sicherlich musste bei Ihnen schon einmal eine Röntgenaufnahme gemacht werden, vielleicht beim Zahnarzt oder weil Sie sich den Arm gebrochen haben. Dank der Röntgentechnologie wissen wir, wie unser Skelett aufgebaut ist, sodass wir also etwas sehen, was man eigentlich nicht sehen kann.

> Am meisten strahlt die Sonne grünes Licht ab. Weil sie auch andere Farbanteile abstrahlt, wirkt sie auf uns gelblich-weiß.

Vielleicht haben Sie aber auch schon mal in einem Museum oder auf einem Science Festival vor einer Infrarotkamera gestanden. Auf Ihrem Infrarotbild kann man erkennen, dass Nasen- und Fingerspitzen kälter sind als der Rumpf. Mithilfe solcher Infrarotaufnahmen wird sogar nach Menschen gesucht, die nach einem Unglück unter Gebäudetrümmern verschüttet wurden. Der menschliche Körper ist mit 37 Grad Celsius in der Regel wärmer als die Umgebung. Wieder sehen wir etwas, was wir eigentlich nicht sehen können.

Die Informationen des Röntgenbildes („das Handgelenk ist gebrochen"), der Infrarotkamera („die Fingerspitzen sind kalt") und die des optischen Lichts („die Hand hat eine tiefe Narbe auf der Handfläche") geben uns ein vollständigeres Bild unseres Körpers. Ganz ähnlich ist es mit astronomischen Objekten, denn je mehr Daten unterschiedlicher Wellenlängen vorhanden sind, desto besser können wir das All verstehen.

Oftmals ist es allerdings gar nicht so einfach, all die Informationen in verschiedenen Wellenlängenbereichen zu sammeln. Denn bei uns auf der Erde können wir nicht alle Strahlungsarten detektieren. Die Atmosphäre und das Erdmagnetfeld schützen uns vor zu hochenergetischer Röntgen- und Gammastrahlung und auch, bis zu einem gewissen Grad, vor aggressiver UV-Strahlung. Cremen Sie sich trotzdem immer gut ein!

Um diese Strahlungsarten zu beobachten, schicken wir Satelliten in den Weltraum, wo wir ungestört Röntgen-, UV- und auch Infrarotstrahlung beobachten können. Die bekanntesten Satelliten sind sicherlich das Hubble Space Telescope (HST), das im UV-, aber auch im optischen Bereich arbeitet, und sein Nachfolger, das James Webb Space Telescope, das am ersten Weihnachtsfeiertag 2021 seine Reise ins All startete und seit Mitte Juli 2022 atemberaubende Bilder des frühen Universums liefert. Dazu später mehr.

Große Superaugen

Ob groß oder klein, auf der Erde oder im All, die prinzipielle Funktionsweise von Teleskopen ist praktisch universell. Die großen Hauptspiegel der Teleskope wirken als Lichtfänger, die das Licht ferner Objekte zunächst mithilfe ausgeklügelter Spiegelanordnungen bündeln und in die Instrumente einspeisen. Als Instrumente werden die Kameras und Spektrographen bezeichnet, die uns dabei helfen, das Spiegellicht auszuwerten. Ähnlich wie bei unseren menschlichen Augen könnten wir jedoch mit den Informationen, die die Augenlinsen aufnehmen, nicht viel anfangen, wenn es auf unserer Netzhaut nicht die Stäbchen und Zapfen gäbe, die uns verraten, ob das Gras grün, gelb oder schon braun verbrannt ist. Mithilfe von Kameras und vorgeschalteten Filtern wird das Licht sodann in einem bestimmten Wellenlängenbereich gesammelt und auf eine Fläche projiziert. Diese Technik schenkt uns die wunderschönen Bilder, die wir oft in den Medien bewundern dürfen. Ein Spektrograph wiederum erlaubt es, das von den Spiegeln aufgesammelte Licht nach der Wellenlänge aufzuspalten. Genauso wie man mit einem Diamanten oder einem simplen Prisma einen „Mini-Regenbogen" erzeugen kann, der das weiße Sonnenlicht in seine tatsächlichen spektralen Komponenten von Violettblau bis Orangerot zerlegt.

Mithilfe dieser Technik kann man nun die Strahlung im Detail analysieren. Zum Beispiel erkennt man in Spektren die „Fingerab-

Ein Blick in die Kuppel am Very Large Telescope in Chile. Auf der Metallstruktur ist ein acht Meter großer Spiegel montiert. Mithilfe der sichtbaren Laser werden die astronomischen Beobachtungen verfeinert.

drücke" von Sternen oder sogar von ganzen Galaxien. Welche chemischen Elemente in welcher Zusammensetzung in einem Objekt vorhanden sind, ist unverkennbar mit einem Spektrum verbunden. Wasserstoff etwa ist das mit Abstand häufigste Element in unserem Universum. Auch unsere Sonne besteht zum Großteil daraus. Joseph von Fraunhofer (1787–1826) erkannte dunkle Linien im Spektrum der Sonne, die heute als Fraunhoferlinien bezeichnet werden. Dank Laborexperimenten wissen wir, dass viele dieser Linien entstehen, weil der Wasserstoff in der Sonnenatmosphäre das Licht bei ganz bestimmten Wellenlängen absorbiert. Man sagt, Wasserstoff hat einen unverwechselbaren Fingerabdruck. Das Gleiche gilt für andere Elemente.

So kann man messen, welche und wie viele Elemente in astronomischen Objekten vorhanden sind, ähnlich wie bei einem Stück Kuchen, bei dem man schon aus einem kleinen Bissen genau herausschmecken kann, ob er mit Haselnüssen, Orangenextrakt oder Zimt gebacken wurde. Wir entschlüsseln mithilfe der sogenannten Spektralanalyse die Zutaten der Sterne und Galaxien.

Doch es kommt noch verrückter, denn Spektren können uns noch weitaus mehr Informationen liefern. Die Spektrallinien geben uns sogar Aufschluss darüber, wie schnell und in welche Richtung sich Gas und Sterne bewegen. Haben Sie schon einmal einen Krankenwagen gehört, der sich schnell auf Sie zubewegt? Die Sirene klingt zuerst sehr hoch, bis der Krankenwagen an Ihnen vorbeisaust. Wenn sich das Fahrzeug jedoch von Ihnen entfernt, klingt der Ton tiefer. Das liegt daran, dass die Frequenz bei sich annähernden Objekten höher ist und bei sich entfernenden Objekten niedriger wird. Diesen bekannten Effekt nennt man *Dopplereffekt*, benannt nach dem Physiker Christian Doppler (1803–1853).

Analog lässt sich der Dopplereffekt auch auf astronomische Objekte anwenden. Wenn sich Gas oder Sterne in einer Galaxie auf uns zubewegen – beispielsweise, weil die Gasscheibe der Galaxie rotiert –, wird ihr Licht zu leicht kürzeren Wellenlängen verschoben.

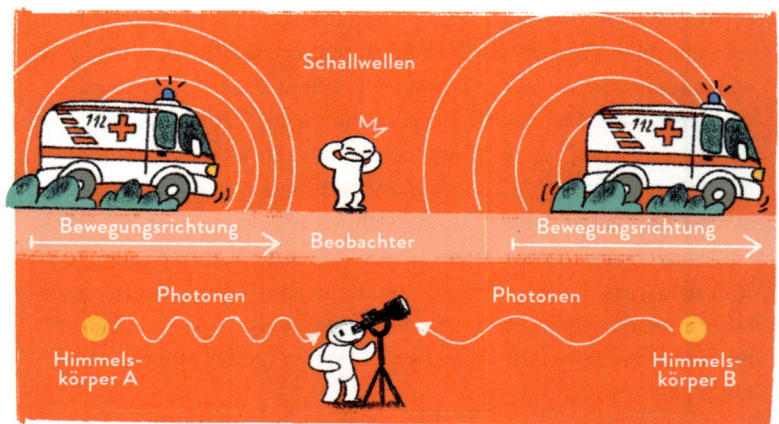

Ein Krankenwagen mit Martinshorn veranschaulicht den Dopplereffekt: Kommt er auf uns zu, ist die gehörte Frequenz größer und klingt höher, fährt der Krankenwagen von uns weg, wird die gehörte Frequenz kleiner und klingt tiefer.

Wenn sich das Gas hingegen von uns wegbewegt, wird sein Licht zu längeren Wellenlängen verschoben. Diesen Effekt kann man messen und so die Rotationsgeschwindigkeit des Gases und der stellaren Scheibe in einer Galaxie bestimmen.

Ein Reisebericht

Geschwindigkeiten von Sternen sollte ich vor einigen Jahren selbst am Lick-Observatorium messen. Das Lick-Observatorium ist eine kleine Sternwarte, die sich in der Sierra Nevada in Kalifornien befindet. Es ist ein relativ altes und kleines Observatorium, dessen Ursprünge sogar bis ins 19. Jahrhundert zurückgehen. Die Arbeit an kleineren Teleskopen, bei denen keine riesige Infrastruktur zur Verfügung steht und wo teilweise nur eine Handvoll Menschen gleichzeitig am Teleskop arbeiten, sieht anders aus als an Großobservatorien. Ganz im Gegenteil läuft am Lick noch vieles händisch.

Aufgeteilt auf drei Reisen von jeweils sieben bis zehn Tagen verbrachte ich als Studentin die Zeit weitestgehend allein mit dem Teleskop, zum Teil tagelang, ohne eine Menschenseele zu treffen (bzw. nächtelang, denn ich schlief ja tagsüber). Angekommen am Flughafen in Los Angeles musste ich zunächst mein Mietauto abholen und mich dann auf die mehrstündige Fahrt zum Mount Hamilton begeben. Dabei durfte ich nicht vergessen, im letzten Ort vor dem Berg meinen gesamten Wocheneinkauf zu tätigen, denn anders als an manchen Großteleskopen gibt es dort keine Kantine, Selbstversorgung ist stattdessen angesagt.

Ausgestattet mit viel Wasser, Obst, Toast, Oatmeal und Peanut Butter, trat ich also die lange Strecke zum Gipfel des Mount Hamilton an. Die Serpentinenstraße ist sicherlich nichts für Menschen mit empfindlichen Mägen.

Angekommen am Observatorium galt es zu zeigen, dass man eine wahre Astronomin ist, denn der Code des Zahlenschlosses zum Schlafraum und zum Teleskop war die Wellenlänge der sogenannten Hβ-Emissionslinie des Wasserstoffes. Nur mit dieser Kenntnis konnte man die Gebäude betreten. Wenn man tagsüber Glück hatte, traf man vielleicht den einen oder anderen Techniker, war ansonsten aber sich selbst und seinen Gedanken überlassen.

Darüber hinaus war ich als junge Studentin, die gerade ihr Bachelorstudium abgeschlossen hatte, plötzlich allein verantwortlich für ein riesiges Teleskop, die Wartung zu Beginn und am Ende der Beobachtungsnacht inklusive. Dazu gehörten zum Beispiel das Öffnen und Schließen der Kuppel oder das Befüllen des Spektrographen mit kaltem, flüssigem Stickstoff. Dass man das nicht unbedingt mit Sandalen machen sollte, erzählt einem in drei Jahren Physikstudium niemand …

Die Nächte fühlten sich lang an. Von abends bis morgens um sechs saß ich allein im Kontrollraum, geschätzte acht Quadratme-

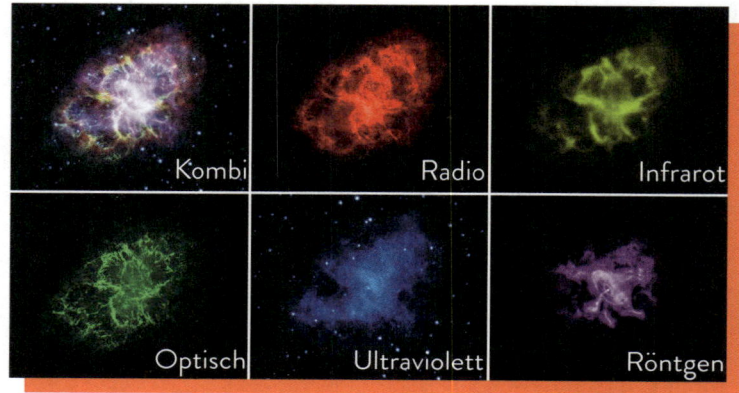

Verschiedene Wellenlängenbereiche geben unterschiedliche Informationen über ein Objekt: Hier wurde der Krebsnebel mit 5 Teleskopen beobachtet, die Daten wurden zuletzt zu einem Bild zusammengefügt.

ter. Ausgestattet war ich mit Kaffee, jeder Menge Snacks und extrem lauter Musik. Einsam wurde es dennoch nach ein paar Tagen.

Es ist nicht so, dass man die ganze Nacht im Kontrollraum sitzt und dabei ein Buch lesen könnte. Volle Konzentration ist gefragt, denn ständig stellt man die Koordinaten der Objekte neu ein, verifiziert, dass das jeweilige Objekt noch im Sichtfeld liegt und überprüft, ob die Datenqualität stimmt. Dabei hat man ständig den Wetterradar im Blick. Denn wenn die Luftfeuchtigkeit zu hoch wird, kann das dem Teleskop schaden, man muss abbrechen und die Kuppel wieder schließen.

Ab und zu gibt es einen Moment, wo man weiß: „Okay, das Teleskop macht jetzt ohne mein Zutun automatisch seine Arbeit". Dann hat man mal 15 Minuten Pause, um nach draußen an die frische Luft zu gehen. Raus aus dem Kontrollraum, in die Kälte der Nacht. Man nimmt einen tiefen Atemzug, tankt Sauerstoff und wird völlig überwältigt vom Nachthimmel. Tausende Sterne leuchten einem dort entgegen. Eine schier unbegreifliche Weite. Bei diesem Anblick wird man daran erinnert, was man eigentlich macht und wie privilegiert man ist, mit einem professionellen Teleskop die uns verborgenen Welten zu beobachten. Gefangen in der Wüste im Namen der Menschheit: um zu verstehen.

Das Kapitel in Kürze:

> Astronominnen und Astronomen benutzen Teleskope und Weltraumsatelliten, um Objekte im Weltall zu beobachten. Diese Teleskope funktionieren wie große Augen, die in verschiedenen Wellenlängenbereichen sehr lichtschwache Objekte sehen können.
> Teleskope stehen oft an dunklen, einsamen Orten, an denen es kaum regnet, wie z. B. in der Atacamawüste in Chile, wo die Beobachtungsbedingungen optimal sind.
> Licht kann sehr verschieden erscheinen, angefangen von Röntgen- und UV-Strahlung über den sichtbaren Bereich bis hin zu Infrarot- und Radiostrahlung. Unterschiedliche Teleskope sind für bestimmte Bereiche ausgelegt und liefern Informationen, die sich gegenseitig ergänzen.
> Kameras und Spektrographen liefern uns Bilder bzw. Spektren der beobachteten Objekte. Spektren können viele Informationen über die Zusammensetzung und Kinematik der Objekte liefern.

Das Universum im Computer

Ohne das Wechselspiel zwischen Theorie und Beobachtung wären zahlreiche Phänomene des Weltalls wohl für immer verborgen geblieben. Vor allem in der theoretischen Astrophysik sind dem menschlichen Geist keine Grenzen gesetzt. Doch um Annahmen über unseren Kosmos zu überprüfen, bedarf es heutzutage weit mehr als nur Bleistift und Papier. Längst haben Supercomputer das Ruder übernommen, die das Universum einfach virtuell nachbauen. Doch wie entstehen eigentlich Sterne im Computer? Im Folgenden berichtet Erik über die Irrungen und Wirrungen eines Theoretikers, der doch nichts anderes will, als dass sein (virtuelles) Universum endlich zum Leben erwacht.

PLÖTZLICH REISST MICH EIN GRÄSSLICHER PIEPTON aus meinen Gedanken. Erschrocken ziehe ich mein iPhone aus der Tasche, während ich in meiner wohlverdienten Mittagspause durch die Heidelberger Altstadt schlendere. Ich habe eine aufregende E-Mail von Jeremias erhalten. Er schreibt:

> *„Gratulation, Erik, ein Stern * ist entstanden!*
> *Und dazu noch ein richtig FETTER."*

Wochenlang habe ich auf diese Nachricht gewartet. Viel Spam ist währenddessen in meiner Inbox gelandet, Sie kennen das bestimmt. Viagra, kostenlose Kredite, Pfändung der eigenen vier Wände, der hundertste Lottogewinn, und so weiter. Doch nun ist der Zeitpunkt endlich gekommen. Ich freue mich wie ein kleines Kind. Würden wir endlich verstehen lernen, wie Sterne im Zentrum unserer Milchstraße entstehen? Und wie sie in einer vollkommen unwirtlichen Umgebung Millionen von Jahren überdauern? Tausende Fragen schießen mir gleichzeitig durch den Kopf. Ich kann es kaum erwarten, mehr zu erfahren: über das Wesen unserer Galaxie, ihr geheimnisvolles Zentrum und das Schwarze Loch, das alles verschlingt, was ihm zu nahe kommt.

Doch eins nach dem anderen. Zuerst wollen Sie bestimmt wissen, wer zur Hölle eigentlich Jeremias ist. Jeremias ist nichts weiter als ein Bot, ein Computerprogramm, das ich selbst geschrieben habe und das mich benachrichtigen soll, sobald es etwas Neues aus der Welt der Bits und Bytes zu berichten gibt, was augenscheinlich nun der Fall zu sein scheint. Irgendetwas Aufregendes ist geschehen, ein Stern ist entstanden. Der Stern von Bethlehem? Spaß beiseite.

Ich selbst arbeite seit nun etwas mehr als 15 Jahren als theoretischer Astrophysiker – und das sogar freiwillig. Da gehört es zu meinen wichtigsten Aufgaben, die Rätsel unseres Universums zu entschlüsseln. In früheren Zeiten geschah dies ausschließlich mit

Hilfe von Bleistift und Papier. Die größten Physikerinnen und Physiker haben damals so gearbeitet. Egal ob Isaac Newton, James Clerk Maxwell, Marie Curie oder Albert Einstein, sie alle hatten nur ihr Gehirn, eine Portion Neugier sowie Tinte und Feder zur Verfügung, um ihre Ideen zu Papier zu bringen – und die bestanden hauptsächlich aus wenigen Gleichungen.

Heute ist das zum Glück anders, denn durch die fortschreitende Technologisierung stehen uns mittlerweile ganz andere Mittel und Methoden zur Verfügung. Technologien, von denen Newton und Einstein früher nur hätten träumen können!

Schon mit einem normalen Notebook kann man daheim auf dem Sofa allerlei komplizierte Phänomene des Weltalls simulieren, während parallel die Tagesschau läuft. Sei es die Entstehung einer Spiralgalaxie, die Verschmelzung zweier Schwarzer Löcher oder die Bildung eines Planetensystems um dessen Heimatstern, all diesen Vorgängen liegt eine ganze Reihe komplexer Formeln zugrunde. Solche Gleichungen auf dem Papier schriftlich und im Detail auszurechnen, würde Wochen, Monate, wenn nicht gar viele Jahre dauern! Ein nervenaufreibender Job.

Stattdessen macht man sich die geballte Power der Computer zunutze. So lassen sich zahlreiche Vorgänge im Universum mittlerweile digital modellieren, und das ausschließlich auf der Basis von Nullen und Einsen (Strom an, Strom aus). Das einzig Notwendige dafür sind die jeweiligen Gleichungen, fundierte Programmierkenntnisse in Sprachen wie C++, Python oder Fortran und jede Menge Zeit, denn je nach Simulation kann es schon mal ein paar Wochen dauern, bis die ersten aussichtsreichen Ergebnisse von der Maschine ausgespuckt werden.

Dabei laufen solche Programme üblicherweise nicht auf irgendwelchen billigen Discounter-Notebooks, sondern auf speziell dafür ausgestatteten Großrechnern, bei denen Hunderte, Tausende und noch mehr Prozessoren zu einem riesigen Netzwerk zusammengeschaltet werden. Je größer das Netzwerk und je leistungsstärker die einzelnen Kerne, desto schneller und hochauflösender können die Simulationen durchgeführt werden, was Theoretikern wie mir die Arbeit enorm erleichtert.

Mit Jeremias hatte ich nun einen praktischen Helfer an der Hand, der mich benachrichtigen würde, sobald meine eigenen Simulationsrechnungen endlich die ersten Protosterne hervorgebracht hatten – unter der Annahme, dass die Prozesse, die ich zuvor in mühevoller Kleinarbeit einprogrammiert hatte, auch zuverlässig vom Computer berechnet worden waren.

So vergingen seit dem eigentlichen Start der Simulation zwei Wochen, während es in der künstlichen Simulationswelt zwei *Millionen Jahre* waren. Im Grunde haben wir auf diese Weise einen gewaltigen Sprung in die Zukunft gemacht, und das nur mit ein bisschen Mathematik und Physik. Mich fasziniert es immer wieder aufs Neue, wie auf diese Weise ganze Universen im Computer entstehen können. Ein Knopfdruck und ein paar Tage später – zack! – ist die digitale Parallelwelt erschaffen, mit virtuellen Galaxien, Sternen und vielleicht sogar Planeten.

Eines der großen Simulationsprojekte ist z. B. die Illustris-Simulation. Dazu später mehr.

Allerdings: Bis zu diesem Zeitpunkt musste ich zittern und bangen. Erst dann würde klar sein, ob die gewählten physikalischen Parameter *überhaupt* zur Bildung von Protosternen führen. Denn das ist gar nicht selbstverständlich, es könnte auch ganz anders kommen. Zum Vergleich: Nur weil ein Kind zufällig mal Sahne, Erdbeeren und Zucker zusammenrührt, heißt das noch lange nicht, dass dabei automatisch schmackhaftes Erdbeereis rauskommt. Stattdessen braucht es weitaus mehr: nämlich richtige Abläufe, weitere Zutaten, Küchengeräte und Parameter wie Temperaturangaben oder Ruhezeiten – und im Falle Ihres Erdbeereises auch Geduld, denn es muss ja noch in den Gefrierschrank und schockgefrostet werden.

Voller Freude über die E-Mail meines digitalen Helfers begebe ich mich also zurück auf den Weg zum Institut für Theoretische Astrophysik (ITA), um mir die Ergebnisse genauer anzusehen. Welche Masse der Protostern bloß haben mag? Und wie lange es wohl gedauert haben muss, bis er entstehen konnte? Etliche Gedanken schießen mir durch den Kopf. Nach wenigen Minuten betrete ich schließlich mein Büro am Philosophenweg.

Der steinige Weg der Erkenntnis

Doch wie das Leben oft so spielt, sollte es am Ende ganz anders kommen, als ich es mir erhofft hatte. Denn als ich mir die Ergebnisse anschaue, bemerke ich, dass etwas nicht stimmen kann. Die Massen der entstandenen Sterne sind viel zu groß, die Zeitpunkte ihrer Entstehung unnatürlich. Ich werde ein wenig nervös. Habe ich einen Fehler gemacht? Einen Parameter verwechselt, die Simulation falsch aufgerufen? Hastig gehe ich alle wichtigen Einstellungen nochmal von vorne durch, jeder Parameter wird auf die Goldwaage gelegt.

Plötzlich stolpere ich über den Wert des Jeans-Radius. Der Jeans-Radius wurde nach dem englischen Astrophysiker James Jeans (1877–1946) benannt, hat aber entgegen dem ersten Eindruck nichts mit Ihren blauen Hosen zu tun. Damit ein Stern überhaupt entstehen kann, muss sich erstmal eine Gaswolke durch die Schwerkraft zusammenziehen. Sie hat dabei aber einen Gegenspieler, denn der Druck des Gases selbst stabilisiert die Wolke nach außen. Ist dieser zu groß, wird der Kollaps der Wolke schlussendlich verhindert und die Sternentstehung unterbrochen. Der Jeans-Radius gibt nun genau jene Ausdehnung einer Gaskugel an, bei der sich Gravitation und Eigendruck im Gleichgewicht miteinander befinden. Man kann die Grenze im Prinzip auch als diejenige Größe auffassen, bei der die Gaskugel letztendlich kollabiert und ein neuer Stern wie unsere Sonne entsteht.

Nun könnte ein falscher Jeans-Radius tatsächlich dazu führen, dass meine Sterne entweder viel zu früh oder zu spät entstehen, mit weitreichenden Folgen, die mir bis dahin noch gar nicht vollends bewusst waren.

Ich schnappe mir ein Blatt Papier und kritzele darauf einige Rechnungen. Konzentration ist hierbei gefragt. Nicht alle wichtigen Gleichungen der Astrophysik habe ich sofort im Kopf parat, dafür sind es viel zu viele. Einige muss ich nachschlagen, aber glücklicherweise stehen zahlreiche Lehrbücher hinter mir im Regal, unter anderem ein Kompendium zur theoretischen Astrophysik, das mich mein ganzes Studium schon begleitet hat.

Schließlich dauert es einige Minuten, bis das Ergebnis feststeht. Und siehe da, ich habe mich tatsächlich verrechnet und den Jeans-Radius falsch abgeschätzt. Verflixt! Der Fehler hat sich fortgesetzt und ist alles andere als vernachlässigbar. Mir schwant Böses ...

Es kommt, was kommen musste, denn meine Simulationen waren allesamt für die Katz. Ich habe ein digitales Zombie-Universum kreiert, das mit unserem rein gar nichts zu tun hat. Der Preis dafür waren vergeudete Zeit und verschwendete Rechenleistung. So ist das in der Forschung. Nicht alles läuft auf Anhieb so, wie man es sich wünscht, das natürliche Leid eines Theoretikers. Die Arbeit begann schließlich von vorne und kostete mich nicht nur jede Menge Rechenkapazität, sondern auch wertvolle Zeit.

So bitter die Erzählung klingt, sie gehört zum Alltag eines jeden Forschers. Es ist ein grundlegendes Prinzip der Wissenschaft, neue Dinge auszuprobieren, zu verwerfen, sie neu zu gestalten, wieder zu verwerfen, nochmal anders zu gestalten, und so weiter. Nur auf diese Weise gelangen wir zu neuen Erkenntnissen, die die Physik und die Wissenschaft allgemein langfristig weiterbringen.

Doch wie können wir generell überprüfen, fragen Sie sich vielleicht, ob das digital entstandene Universum überhaupt der Realität entspricht und nicht irgendein verrücktes Nonsens-Computer-Universum darstellt, das von einem irren Freak erschaffen wurde, der von morgens bis abends nur in irgendwelchen mathematischen Formeln denkt? Letztlich kann dies nur auf der Basis von stichhaltigen Beobachtungen entschieden werden, mit leistungsstarken Teleskopen, deren Auge nach Phänomenen im Weltall Ausschau hält.

Daneben besitzt die Frage sicherlich auch einen philosophischen Charakter. Es war der österreichisch-britische Philosoph Karl Popper (1902–1994), der mit seiner Erkenntnistheorie die Naturwissenschaften Mitte des letzten Jahrhunderts grundlegend revolutioniert hat.

Popper dachte über die Frage nach, wie die Wissenschaft zu neuen Erkenntnissen gelangen kann. Wann ist eine Theorie „wahr" oder „falsch"? Und wer kann das letztlich entscheiden?

Popper behauptete, dass jede Theorie von anderen Forschern zunächst *falsifiziert* werden muss, was bedeutet, dass ein Nachweis über die *Ungültigkeit* der Theorie erbracht werden muss. Theorie und Experiment sind in diesem Sinne also untrennbar miteinander verbunden – ähnlich wie die Simulation mit der Beobachtung.

Beispielsweise könnte ein Theoretiker behaupten, neueste Untersuchungen hätten ergeben, dass alle Schafe auf der Welt pink seien. Der Experimentator würde gemäß der Logik von Popper sodann versuchen, mindestens ein Schaf zu finden, das dieser Behauptung widerspricht – was ihm wohl nicht allzu schwerfallen dürfte. Gelingt ihm das, gilt die Theorie letztlich als widerlegt; die Theoretiker müssen sich was Besseres einfallen lassen. Auf diese Weise gelangen wir Menschen sukzessive zu unserem Wissen – und die Schafe zu ihrer Farbe.

Reise in eine virtuelle Zukunft

Zurück zu unseren numerischen Simulationen. Wir haben bereits gesehen, dass wir mittels computergestützter Modelle Einblicke in die Physik unseres Universums erhalten können. Das ist für uns Physiker von großer Bedeutung, da die meisten Phänomene nicht

> ### Analytische vs. Numerische Methode
>
> In der Physik unterscheidet man zwischen analytischen und numerischen Methoden. Bei einem numerischen Ansatz werden physikalische Gleichungen näherungsweise mit dem Computer gelöst, während analytische Rechnungen auf einem Blatt Papier exakt durchgeführt werden können.

unmittelbar vor unserer Haustür, sondern weit draußen in den Tiefen des Alls stattfinden. Es ist schließlich vollkommen unmöglich, mal eben am Morgen mit einer Rakete zur Andromedagalaxie zu jetten, um mittags Experimente vor Ort durchzuführen, bevor man gegen Abend wieder die Heimreise antritt. Letztlich bleibt uns gar nichts anderes übrig, als uns ein Stück weit auf die theoretischen Vorhersagen zu verlassen, weil die Natur uns strenge Grenzen bzgl. möglicher Reisen im Weltall auferlegt hat, die nur maximal mit der Geschwindigkeit des Lichts erfolgen können.

Hinzu kommt eine weitere Herausforderung, die die Zeit betrifft. Das Problem bei der Untersuchung so vieler astrophysikalischer Phänomene ist, dass diese häufig in Zeitspannen ablaufen, die jenseits unseres normalen Verständnisses liegen. Jeder hat ein gutes Gespür, wann die nächste Steuererklärung fällig ist, Finanzämter sind da unnachgiebig. Deshalb ist ein Jahr für uns Menschen oft eine gute Zeit, damit man sich seelisch schon mal auf den nächsten Steuerbescheid einstellen kann. Doch für den Kosmos ist so eine Zeitdauer nichts weiter als ein mickriger Wimpernschlag, ganz zu schweigen von dem Leben eines einzelnen Menschen, das im kosmischen Maßstab so klein und nichtig erscheint. Ähnlich geht es uns mit fast allen Zeitspannen aus dem Alltag. Diese kommen uns so vertraut vor, weil sie uns tagtäglich begleiten und wir von Kindesbeinen an mit ihnen groß geworden sind.

Im Weltall sieht das allerdings vollkommen anders aus. Ein Signal, das von einem zum anderen Ende der Milchstraße unterwegs ist, würde etwa 100.000 Jahre benötigen, um seinen Empfänger zu erreichen, und auf eine passende Antwort müsste man mindestens genauso lange warten. Bis ein durchschnittlicher Stern wie die Sonne das Licht der Welt erblickt, können sogar einige Millionen Jahre oder mehr vergehen. Und bis die Erde entstanden war, vergingen seit dem Urknall sogar neun Milliarden Jahre!

Kein Mensch aus Fleisch und Blut kann solche Zeitspannen heute überleben. Aus diesem Grund sind wir auf den Computer und unsere Theorien angewiesen. Durch sie haben wir die einmalige Möglichkeit, in die Zukunft zu reisen oder Ereignisse in der Vergangenheit miteinander zu verknüpfen, ohne jemals dort gewesen zu sein.

Erschaffung eines künstlichen Universums

Die Herausforderung beim Einsatz numerischer Simulationen besteht nun darin, die physikalischen Gleichungen so zu programmieren, dass sie in vertretbarer Zeit von einer Maschine wie dem Supercomputer JUGENE im Forschungszentrum Jülich gelöst werden können. Betrachten wir als Beispiel die Geburt eines Sterns. Damit ein Stern entstehen kann, benötigt man zunächst eine wichtige Zutat, und das ist Gas. Sterne entstehen durch Klumpenbildung aus diffusen Molekülwolken. Solche Wolken bestehen unter anderem aus molekularem Wasserstoff, Staub sowie Spurengasen wie Helium, Sauerstoff oder Kohlenstoffmonoxid. Typischerweise ist die Dichte dieses Gases sehr gering; wir sprechen hier von nur einigen hundert Teilchen pro Kubikzentimeter. Doch dieses bisschen reicht aus, damit sich daraus monströse Sterne wie unsere Sonne bilden können.

Wieder sorgt die Gravitation im Lauf der Zeit dafür, dass sich das Gas unter seiner eigenen Schwerkraft zu einer riesigen Kugel verdichten kann, sobald eine kritische Masse – die Jeans-Masse, die mit dem Jeans-Radius verwandt ist – überschritten wird. Das dauert entsprechend lange, je nach Dichte sogar einige Millionen Jahre.

Bleiben wir noch einen Moment bei unserer Gaswolke. Das Gas der Wolke ist niemals statisch, sondern befindet sich in ständiger Bewegung. In der Physik spricht man hierbei von Turbulenz. Die Turbulenz macht den Astrophysikern das Leben in der Regel schwer, denn die Gleichungen, die notwendig sind, um die Bewegungen des turbulenten Gases zu beschreiben, sind nicht so einfach nebenbei zu lösen, als würde man 1+1 addieren. Es sind die Gleichungen der Hydrodynamik, die zum Beispiel bei der Beschreibung von Luft- und Wasserströmungen zum Einsatz kommen und die tagtäglich Anwendung in der Luft- und Raumfahrtindustrie finden.

Wenn Sie das Wort Hydrodynamik lesen, verziehen Sie jetzt vielleicht verwundert das Gesicht. Hydro bedeutet nichts anderes als Wasser, aber die Materie zwischen all den Sternen im Weltraum, das sogenannte interstellare Medium, besteht doch letztlich aus Gas! Dass wir dieselben Gleichungen trotzdem in der Astrophysik anwenden können, liegt daran, dass die mittleren Teilchenabstände und die Ausdehnungen der zu betrachtenden Systeme in beiden Fällen ungefähr im selben Verhältnis zueinander stehen. Es macht also keinen Unterschied, ob wir unser warmes Badewannenwasser samt dem Quietscheentchen oder Gase im Weltall mit Protosternen untersuchen, die zugrunde liegenden Formeln sind letztlich dieselben!

Ohne diese dämlichen Turbulenzen – verzeihen Sie mir die Ausdrucksweise – wäre dabei alles so einfach. Das Gas würde unter seiner Schwerkraft einfach kollabieren, der Stern wäre im Nu entstanden. Doch durch die turbulenten Strömungen gerät das Gas ständig in Wallung, ähnlich wie die Wellen im Atlantik den Sand am Boden so ordentlich aufwirbeln können. Angetrieben wird die Turbulenz dabei beispielsweise durch Sternenwinde oder -explosionen, die dafür sorgen, dass Astrophysiker auf numerische Simulationen angewiesen sind, um den Sternentstehungsprozess im Detail zu verstehen.

Will man diesen so genau wie möglich im Computer abbilden und daraus Rückschlüsse auf unser eigenes Universum ziehen, sind jedoch weitere Gleichungen notwendig. Zum einen benötigt man das altbekannte Newtonsche Gravitationsgesetz sowie die Gesetze der klassischen Mechanik. Darüber hinaus können starke Magnetfelder und die Chemie des Gases eine große Rolle spielen, sodass das Problem beliebig kompliziert werden kann. Üblicherweise haben wir es daher mit einem ganzen Geflecht schwieriger Differentialgleichungen zu tun, und die Frage ist, wie solch ein kompliziertes Gleichungssystem überhaupt in vertretbarer Zeit gelöst werden kann, ohne dass man vollkommen Sinn und Verstand verliert und seinen Rechner wutentbrannt aus dem Fenster schmeißt.

Tatsächlich existieren in solchen Fällen höchstens eine Handvoll Lösungen, die man analytisch auf dem Papier herleiten könnte. Stattdessen muss man sich etwas Besseres einfallen lassen, um die hohe Komplexität in den Griff zu bekommen. Dazu wurden in den vergangenen Jahren verschiedene Verfahren entwickelt. Eines dieser Verfahren möchte ich Ihnen im Folgenden kurz erklären.

Lassen Sie uns zuerst eine dreidimensionale Box definieren, in der eine riesige Molekülwolke Platz hat, aus der später einmal Sterne entstehen sollen. Typischerweise haben diese Wolken, die man auch Riesenmolekülwolken (engl.: *Giant Molecular Clouds*) nennt,

Differentialgleichungen

Zahlreiche Phänomene im Alltag können nur durch ganz spezielle Differentialgleichungen beschrieben werden. Darunter versteht man Funktionen, die u. a. von ihrer eigenen Änderung abhängen. Beispiel: der radioaktive Zerfall. Die Anzahl von nicht zerfallenen Teilchen hängt natürlich davon ab, wie schnell die Teilchen selbst zerfallen. Das Gesetz bildet somit eine Differentialgleichung.

Astronomische Längeneinheiten

Bei den riesigen Entfernungen der Astrophysik sind Angaben in Kilometern selten sinnvoll. Gebräuchlicher sind die Astronomische Einheit (AE), das Lichtjahr und das Parsec. Eine AE entspricht dabei der mittleren Entfernung von der Erde zur Sonne (ca. 150 Millionen km). Ein Lichtjahr ist die Strecke, die das Licht in einem Jahr zurücklegt (ca. 9,5 Billionen km). Ein Parsec wiederum entspricht etwa 3,3 Lichtjahren.

Massen von ein paar tausend bis Millionen Sonnenmassen und eine Ausdehnung von einigen Parsec.

Nun kann ein Computer – genau wie ein Mensch – immer nur mit einer endlichen Anzahl von Punkten rechnen. Wir müssen unsere Box deshalb zuerst in kleine Würfelchen schneiden und anschließend versuchen, unser Gleichungssystem für jede einzelne Zelle dieser Box zu lösen. Dieses In-Würfel-Schneiden nennt man im Fachjargon Diskretisierung. Entscheidend ist dabei, wie groß die Zellen – also die Auflösung – sein sollen.

Betrachten wir ein kleines Rechenbeispiel. Gehen wir hier der Einfachheit halber mal davon aus, dass unsere Box eine Seitenlänge von 20 Parsec hat. Wenn wir diese Box nun in jede Raumrichtung in N Zellen zerteilen, besteht der gesamte Würfel nach Adam Riese am Ende aus insgesamt N×N×N Zellen. Unsere Auflösung beträgt dann 20 Parsec dividiert durch N.

Wenn wir nun für N mal ein paar konkrete Zahlenwerte einsetzen – zum Beispiel 256, 512 oder 1024 – so erhalten wir insgesamt 256^3 (= 16.777.126), 512^3 (= 134.217.728) oder 1024^3 (= 1.073.741.824) Zellen in der gesamten Simulationsbox. Daran sehen wir bereits, dass die Gesamtzahl an Zellen sehr schnell anwächst. Für den Computer bedeutet das, dass er umso länger rechnen muss, je höher die Auflösung eingestellt wird. Deshalb gilt es, frühzeitig abzuwägen: Braucht man so eine hohe Auflösung überhaupt, um die wissenschaftliche Frage zu beantworten, oder tut es nicht auch eine geringere Auflösung?

Wenn alle diese Fragen zum Setup geklärt sind, kann die Simulation endlich gestartet werden. Ein Druck auf den Play-Button und es geht los! Der Computer wird zu Beginn jeder Zelle physikalische Parameter zuweisen, wobei diese Anfangsbedingungen im Vorfeld festgelegt werden und gut begründet sein müssen. Da wir jedoch meistens noch gar nicht so genau wissen, welche Anfangsbedingungen in der Vergangenheit vorgelegen haben, behilft man sich häufig mit einer Vereinfachung. Zum Beispiel könnten wir mit einer sehr homogenen Masseverteilung der Dichte ρ, einer Temperatur T sowie einem starken Magnetfeld B starten. Jede Zelle erhält so bestimmte Werte, die anschließend die Grundlage für die weiteren Rechnungen bilden.

Als nächstes wird ein Zeitschritt berechnet, denn neben den drei Raumdimensionen muss auch die Zeit selbst diskretisiert, also in feste Zeitschritte unterteilt, werden. Schließlich werden die jeweiligen numerischen Zellwerte in das Gleichungssystem eingesetzt und die jeweils nächsten Zellwerte für den folgenden Zeitschritt berechnet. Auf diese Weise entsteht nach und nach eine dynamische Molekülwolke, in der sich möglicherweise sogar Sterne bilden können. Die Datenmengen, die dabei produziert werden, sind wirklich gewaltig. So kann ein einziger „Snapshot" allein bereits einige Gigabyte groß sein, weshalb man meistens nicht nur gute Rechner, sondern auch große Festplatten zum Speichern der Daten benötigt.

Das soeben beschriebene numerische Verfahren ist sehr mächtig, hat jedoch auch klar definierte Grenzen, über die man sich bewusst werden sollte, bevor man seine Simulationen startet. Beispielsweise scheitert es in Regionen, wo sich das Gas so stark verdichtet, dass man eine wesentlich höhere Auflösung benötigen würde. Zu beachten ist dabei auch, dass jede Diskretisierung mit Fehlern behaftet ist. Beispielsweise beträgt die Auflösung unserer Box bei ei-

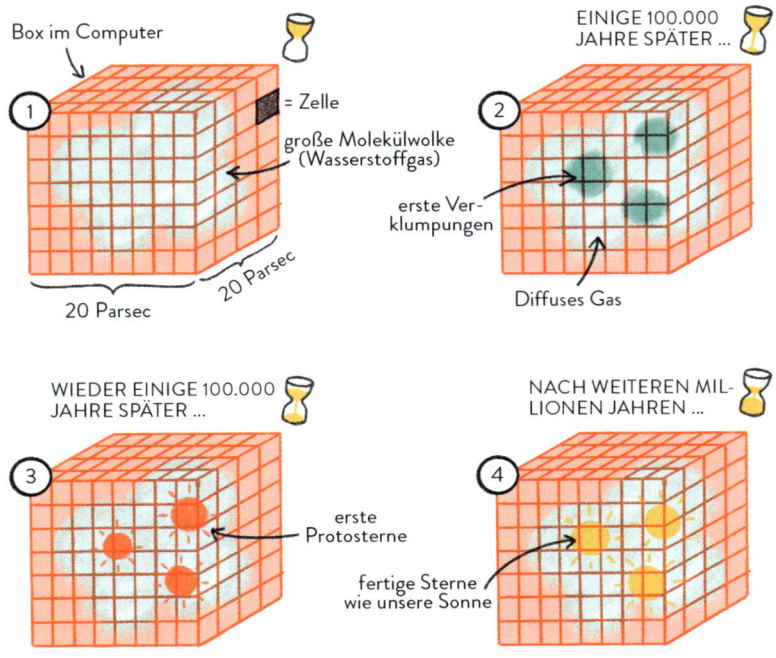

In dieser Simulation entwickelt sich mit der Zeit eine Gaswolke: Diese wird in 3D-Kuben unterteilt, die aus kleinen Zellen bestehen.

ner Wahl von 256 Zellen pro Raumrichtung lediglich 20 Parsec / 256 = 0,08 Parsec. Das würde in keinem Fall reichen, um beispielsweise die Bildung eines Planetensystems zu verfolgen, wohingegen es für die Modellierung einer Molekülwolke im großen Maßstab allemal genügt. Hinzu kommt die Herausforderung, dass man mit einer zu geringen Auflösung bestimmte Vorgänge gar nicht erst sichtbar machen kann, was letztlich keinen wissenschaftlichen Erkenntnisgewinn liefern würde.

Um dieses drängende Problem in den Griff zu bekommen, wurden in der Vergangenheit neue Programme entwickelt, bei denen die Zellen selbst dynamisch sind, sich beispielsweise durch die Simulationsbox bewegen und auch ihre Größe und Form verändern können, wodurch sie sich der speziellen Situation anpassen. Man nennt das ein *adaptives Gitter*. Auf diese Weise kann man sowohl große als auch kleine Raumbereiche besser auflösen. Darüber hinaus bringen adaptive Gitter große Vorteile in Bezug auf die Rechengeschwindigkeit, weil nicht alle Regionen in der Box die gleiche Auflösung haben müssen, sondern nur die wirklich interessanten Bereiche hochaufgelöst werden.

Sternentstehung in extremen Regionen

Das Bild rechts zeigt den Ausschnitt einer Simulation, die ich kürzlich berechnete und die auf einem adaptiven Gitter mit sich bewegenden Zellen lief. [1] Dargestellt ist die Dichte des Gases entlang der z-Achse. Man erkennt sehr gut die komplexe Struktur der Molekülwolke, die durch die turbulenten Strömungen verursacht wurde. Die weißen Pünktchen in dem Bild stellen erste Protosterne dar, die während Jahrtausenden nach und nach entstanden sind – im Fachjargon spricht man von Sink-Teilchen.

Ein Ziel der Simulation war, den Sternentstehungsprozess im Zentrum unserer Milchstraße besser zu verstehen, genauer gesagt in der sogenannten zentralen Molekularzone, einer ringartigen Gasverteilung. Dort, ganz in der Nähe des supermassereichen Schwarzen Lochs Sagittarius A* im Sternbild Schütze, herrschen extreme physikalische Bedingungen, in erster Linie hohe Gasdichten sowie starke Turbulenzen. Hinzu kommt eine starke kosmische Strahlung, die aus Protonen und Elektronen besteht, die sich mit nahezu Lichtgeschwindigkeit durchs Weltall bewegen.

Verschiedene Beobachtungen hatten damals angedeutet, dass die Sternentstehungsraten im galaktischen Zentrum unterdrückt zu

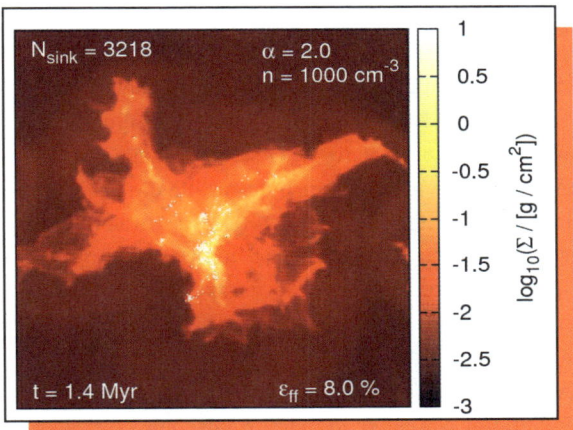

Eine simulierte Molekülwolke, um den Sternentstehungsprozess zu verfolgen. Dargestellt ist die projizierte Dichte entlang der Sichtlinie. Die weißen Punkte stellen erste Protosterne dar.

sein scheinen, im Mittel dort also weniger Sterne entstehen als sonst wo in der Milchstraße. Doch was sollte für die geringen Raten verantwortlich sein, fragten wir uns bloß? Könnte die starke Turbulenz des Gases des Rätsels Lösung sein und die Sternentstehung derart beeinflussen, dass dort im Mittel wesentlich weniger Sterne geboren werden als in unserer kosmischen Nachbarschaft? [2]

Um diese Frage zu beantworten, führten wir unsere Simulationen durch. Das Ergebnis dieser Berechnungen war ganz eindeutig, denn wir konnten letztlich ausschließen, dass die starke Turbulenz und die hohe kosmische Strahlung allein für die niedrigen Raten verantwortlich sind. Stattdessen müssen andere Effekte eine Rolle spielen, die wir bislang noch gar nicht beachtet haben. Theorie und Beobachtung scheinen noch nicht vollständig im Einklang zu sein. Zu diesen Erkenntnissen wären wir ohne die numerischen Studien niemals gekommen. Ein kleiner Erfolg.

Astrophysik 2.0

Hochauflösende Simulationen wie jene werden heutzutage in immer mehr Bereichen der Astrophysik eingesetzt. Vor allem in der Kosmologie kommt ihnen eine stetig wachsende Bedeutung zu, beispielsweise bei Vorgängen zur Strukturbildung, die die Fragen aufwerfen, wie die Abermilliarden Galaxienhaufen im Universum einst entstanden sind und wie sie heute miteinander interagieren. Als Beispiel zeigt das Bild rechts die vorhergesagte Verteilung von dunkler Materie in einer kosmologischen Simulation, die man Millennium-Simulation nennt. [3] Man erkennt, wie sich im großen Maßstab ein kompliziertes Spinnennetz herausgebildet hat, das aussieht, als wäre unser Universum von einer mitteleuropäischen Kreuzspinne entwickelt worden. Entlang der einzelnen Filamente entstehen im Lauf der Zeit schließlich die Galaxien. Letztlich konnte dieses Netz – das sogenannte *cosmic web* – sogar mit Teleskopen beobachtet und schließlich mit theoretischen Analysen abgeglichen werden.

Anhand der Millennium-Simulation aus dem Jahr 2005 konnte man erstmals die Entwicklung von rund 20 Millionen Galaxien im Universum nachverfolgen, wozu eine kubische Box mit einer Seitenlänge von ca. zwei Milliarden Lichtjahren verwendet wurde. Insgesamt lief die Simulation 28 Tage lang auf 512 Prozessoren, wobei etwas mehr als 25 Terabyte an Daten produziert wurden!

Eine ähnliche, wenn aber doch weit fortgeschrittenere Simulation stellt die sogenannte Illustris-Simulation von 2014 dar, die kein geringeres Ziel verfolgte, als das gesamte Universum digital bis ins kleinste Detail nachzustellen. Die Rekorde der Millennium-Simulation wurden dabei nochmal übertroffen. Insgesamt liefen die Rechnungen auf etwas mehr als 8000 Kernen und produzierten 230 Terabyte an Daten! [4] Meiner Meinung nach ist es mehr als verblüffend zu sehen, wie das auf diese Weise simulierte Universum kaum noch vom echten zu unterscheiden ist und sich sowohl die reale als auch die digitale Welt dabei immer weiter annähern.

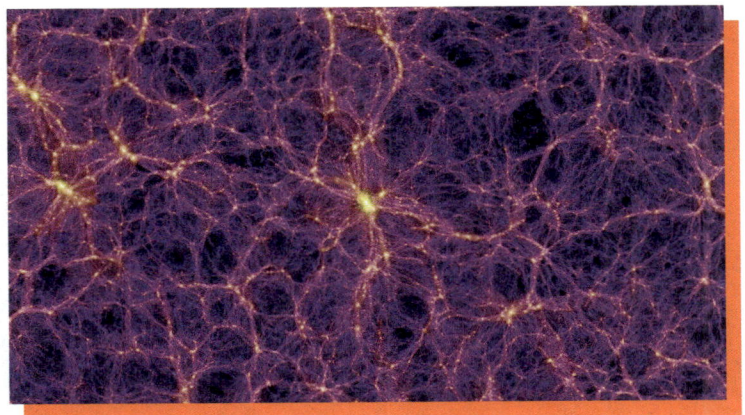

Die Millennium-Simulation zeigt ein kosmisches Spinnennetz aus dunkler Materie. Dargestellt ist die projizierte Dichte entlang der Sichtlinie.

Solche numerischen Simulationen können uns in Zukunft dabei helfen, die Geschichte des Universums noch besser zu verstehen. Wie konnte es dazu kommen, dass sich überhaupt Strukturen wie diese über solch große Raumbereiche hinweg herausbilden konnten? Und wie würden aus ihnen nun im nächsten Schritt die Galaxien und Sterne entstehen? Das Forschungsspektrum scheint schier unbegrenzt zu sein.

Deshalb werden Theoretiker auch zukünftig auf immer klügere Algorithmen und bessere Hochleistungsrechner angewiesen sein. Je stärker diese Prozessoren sind, desto schneller werden wir unsere numerischen Simulationen durchführen und neue Erkenntnisse über unser Universum generieren können. Vor allem zukünftigen Generationen moderner Quantencomputer kommt dabei eine große Bedeutung zu, denn diese werden uns in die Lage versetzen, selbst die komplizierten Vorgänge im Universum im Handumdrehen zu berechnen.

Die Illustris-Simulation (rechts) ist kaum von einem Bild des realen Universums (links) zu unterscheiden.

Gleichzeitig müssen auch neue und größere Teleskope konstruiert werden, mit denen die Vorhersagen falsifiziert werden können. Ende 2021 wurde das James Webb Space Telescope (JWST), ein hochauflösendes Teleskop, das als Nachfolgemission des Hubble-Weltraumteleskops angesehen werden kann, in den weiten Weltraum befördert. Schon bald werden wir hoffentlich neue Erkenntnisse zu den ersten Sternen im Universum, zum Ursprung des Lebens sowie zur Entstehung und Entwicklung der Galaxien erhalten, die wir dann mit den Ergebnissen unserer Simulationsrechnungen abgleichen können – das nächste Kapitel wird diesem Thema gewidmet sein.

Vor den Forschern liegt eine blühende wissenschaftliche Zukunft. Wir dürfen sehr gespannt sein, welche faszinierenden Erkenntnisse Theorie und Experiment uns in den kommenden Jahren noch bescheren werden.

Das Kapitel in Kürze:

› Beim Studium zahlreicher astrophysikalischer Phänomene besteht oft das Problem, dass diese in Zeitspannen ablaufen, die jenseits der Lebensdauer eines normalen Menschen liegen und sich somit einer dauerhaften langfristigen Beobachtung entziehen. Des Weiteren sind jene Phänomene oftmals so weit von uns entfernt, dass eine direkte Untersuchung vor Ort unmöglich ist.
› Mithilfe hochauflösender numerischer Simulationen können theoretische Physiker astrophysikalische Phänomene modellieren, auch wenn diese nicht direkt der Beobachtung zugänglich sind. Dazu sind Hochleistungsrechner notwendig, die die Rechnungen effizient durchführen können.
› Dabei wird ein kompliziertes Geflecht an Differentialgleichungen mit ausgewählten Anfangsbedingungen gelöst. Die Physik kann man dabei selber festlegen, indem man beispielsweise die Gravitationskraft, Magnetfelder oder den Strahlungstransport mit einbezieht.
› Standardmäßig verwendet man hierfür eine numerische Methode, bei der Raum und Zeit in einer Simulationsbox diskretisiert werden. Der Computer löst das Gleichungssystem dann Schritt für Schritt. Diese Art der Forschung erfreut sich immer größerer Beliebtheit in zahlreichen Gebieten der Astrophysik.
› Vor allem die Kosmologie profitiert von immer besseren Algorithmen und entsprechenden Hochleistungsrechnern. Beispiele wie die Millennium-Simulation oder das Illustris-Projekt zeigen, dass man teilweise zwischen der realen und der digitalen Welt kaum mehr unterscheiden kann.

Das Tor zur Unendlichkeit

Nach einer jahrelangen Zitterpartie startete das James Webb Space Telescope (JWST) an Weihnachten 2021 endlich seine Mission ins All. Von seinem Wachposten im Weltraum aus soll es uns Fragen zu den ersten Sternen, Galaxien und Schwarzen Löchern beantworten, die bereits wenige Millionen Jahre nach dem Urknall entstanden sind. Was können wir über die Entwicklung kosmischer Strukturen im All lernen? Dominika beschreibt die lange, intensive Vorbereitungszeit der JWST-Mission bis zum Start und verrät Ihnen die ersten überwältigenden wissenschaftlichen Ergebnisse.

ES IST DER 25. DEZEMBER 2021, erster Weihnachtsfeiertag. Nervosität macht sich langsam breit. Livestreams statt Weihnachtsmusik werden gestartet. Das aufwendig gemachte und ganz vorzügliche Weihnachtsmittagessen wird kalt. Gemütliche Weihnachtsstimmung will nicht wirklich aufkommen.

Das James Webb Space Telescope, oder kurz JWST, soll an diesem Tag seine wochenlange Reise in den Weltraum antreten, getragen von einer mächtigen Ariane-5-Rakete der ESA. Am europäischen Weltraumflughafen in Französisch-Guyana beginnen die letzten Vorbereitungen.

Ingenieure sitzen hochkonzentriert vor hunderten Monitoren, letzte Checks werden durchgeführt, man sieht ernste Gesichter auf den Bildschirmen. Immer wieder wird im Livestream zwischen der wartenden Rakete, dem Control Room und der Moderation in einem Fernsehstudio hin- und hergeschaltet. Pünktlich startet der Countdown. Tausende Astronominnen und Astronomen weltweit werden immer nervöser. Trois, deux, unité, top. Die Rakete startet! Alles sieht gut aus, ein Bilderbuchstart. Zum letzten Mal sehen wir das JWST hier auf der Erde. Es ist nun auf dem Weg zu seinem Aussichtspunkt im Universum. Farewell.

Das JWST ist das größte und leistungsfähigste Weltraumteleskop, das jemals gebaut wurde. Es ist das erste von Menschen gebaute Teleskop seiner Art, das mit noch nie zuvor dagewesener Genauigkeit die Eigenschaften von Zeit und Raum untersuchen soll. Es soll uns Informationen zum frühen Universum mit den ersten Sternen, Galaxien und Schwarzen Löchern liefern, die sich schon in astronomisch kurzer Zeit nach dem Urknall gebildet haben. So oder so ähnlich liest man es, wenn man nach einer Kurzzusammenfassung der Eigenschaften des JWST in den populären Medien sucht. Was ziemlich pathetisch klingt, ist tatsächlich gar nicht so übertrieben.

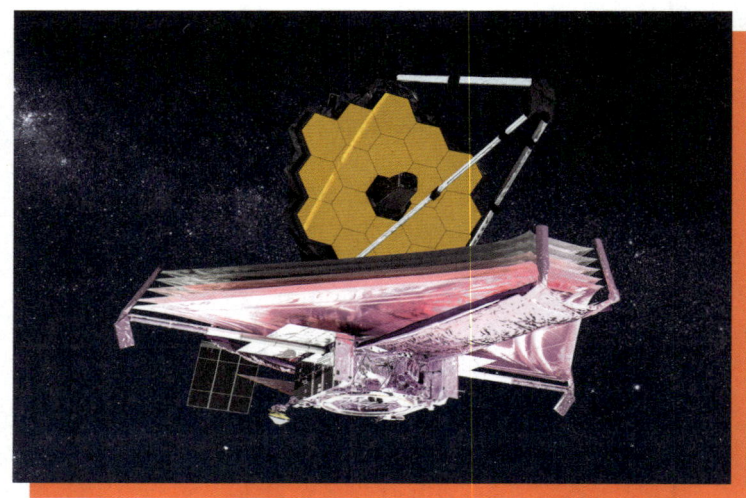

Das James Webb Space Telescope trat im Dezember 2021 seine Reise ins Weltall an und liefert seit 2022 wertvolle Daten für die Wissenschaft.

Größer, weiter, besser

Das JWST ist ein riesiges Teleskop im Weltall. Ähnlich wie die Teleskope, die sich hier auf der Erde befinden, besitzt es einen Spiegel, der das Licht ferner Objekte einsammelt und bündelt. Dieser Spiegel ist aus vielen kleinen sechseckigen Spiegeln zusammengesetzt, ähnlich der Form von Bienenwaben, und hat einen Durchmesser von 6,5 Metern. Das ist für ein Teleskop im Weltall sehr groß. Besonders, wenn man sich darüber bewusst wird, dass der Vorgänger des JWST, das Hubble Space Telescope (HST), „nur" einen Spiegeldurchmesser von 2,4 Metern hat.

Da stellt sich zuerst die Frage: Wie bringt man einen solchen Spiegel überhaupt ins Weltall? Die Ariane 5 hat gerade mal einen Außendurchmesser von 5,4 Metern. Keine Chance, in ihr einen 6,5

Spiegeldurchmesser

Eine wichtige Kenngröße von Teleskopen im UV, Optischen und Infraroten ist ihr Spiegeldurchmesser. Je größer der Spiegel, desto mehr Photonen können eingefangen werden, was die Beobachtung lichtschwacher Objekte erlaubt. Gleichzeitig erhöht ein größerer Spiegeldurchmesser die Auflösung, die Bilder werden schärfer und kleine Details sichtbar.

Meter großen Spiegel zu verstauen. Aber es geht doch, nämlich indem man ihn wie ein Origami-Tierchen faltet. Super Trick!

Wie bereits erwähnt, bedeutet ein größerer Spiegel zum einen, dass mehr Licht pro Zeit gesammelt werden kann. Dabei ist die sogenannte „lichtsammelnde Fläche" die entscheidende Größe, schlichtweg die Flächengröße des Spiegels. Wenn man nun die Flächenverhältnisse des JWST- und des Hubble-Spiegels vergleicht, stellt man fest, dass die Fläche des JWST-Spiegels rund 7-mal so groß ist wie die des HST. Und das, obwohl der Durchmesser „nur" 2,6-mal größer ist. Eine enorme Verbesserung! Das bedeutet wiederum, dass man in der gleichen Zeit lichtschwächere bzw. entferntere Objekte beobachten kann, verglichen mit einem sonst baugleichen kleineren Teleskop. Daneben erhöht sich mit einem größeren Teleskop die Auflösung.

Doch das JWST ist nicht nur im Hinblick auf die Spiegelgröße ein Wunderwerk des Ingenieurwesens. Das JWST arbeitet – anders als das HST – nicht im optischen Wellenlängenbereich, sondern im Infraroten. Es gibt jedoch einige Störquellen, wie zum Beispiel die Elektronik an Bord oder die Sonneneinstrahlung, wodurch die Beobachtungen unbrauchbar würden.

Um diese Störsignale zu minimieren, müssen der Spiegel und alle Instrumente an Bord auf extrem kalte Temperaturen von ca. -220 bis -260 Grad Celsius heruntergekühlt werden. Aus diesem Grund hängt unter dem Spiegel des JWST ein Sonnensegel von der

Größe eines Tennisplatzes. Dieses besteht aus fünf Schichten speziell entwickelter Materialien, die in exakt berechneten Dicken und Abständen zueinander angeordnet sind. Zu keinem Zeitpunkt darf das JWST in Richtung Sonne blicken!

Wo befindet sich das JWST?

Anders als das HST befindet sich das JWST nicht auf einer Umlaufbahn um die Erde. Stattdessen war das Teleskop rund einen Monat lang unterwegs zu einem beliebten Ort, den man unter dem Namen Lagrange-Punkt 2 (L2) kennt.

Sie ahnen richtig: Wenn es einen L2 gibt, dann sicherlich auch einen L1 und vielleicht einen L3? Tatsächlich gibt es fünf Lagrange-Punkte im Dreikörpersystem *Erde – Sonne – leichter Satellit*. An ei-

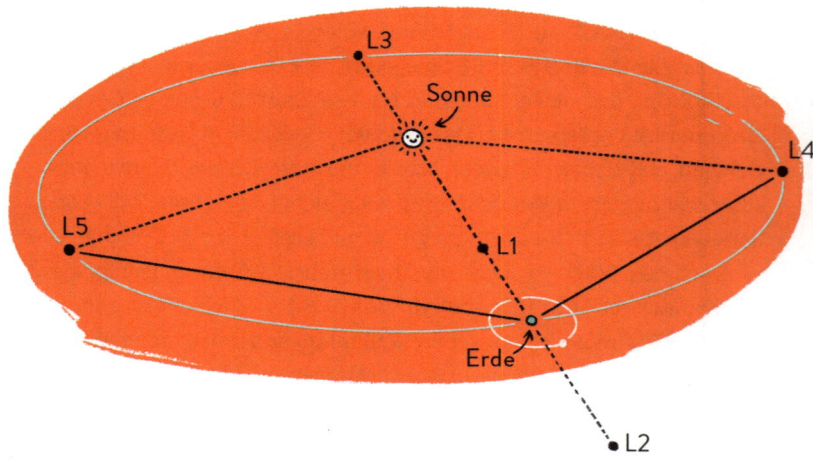

Die fünf Lagrange-Punkte sind Orte im Sonnensystem, an denen Körper kräftefrei ruhen können. Viele Satelliten, u. a. das JWST, befinden sich am L2, rund anderthalb Millionen Kilometer von der Erde entfernt.

nem solchen Punkt kann ein Körper praktisch kräftefrei ruhen und mit der Erde um die Sonne rotieren, während er kaum Energie aufwenden muss, um seine Position zu halten.

Der L2 ist circa 1,5 Millionen Kilometer von der Erde entfernt und liegt auf der Achse Sonne-Erde. Wenn man vom L2 in Richtung Erde schauen würde, sähe man ständig ihre Nachtseite. Der direkte Blick zur Sonne ist also verdeckt. Der L2 ist ein sehr beliebter Punkt unter den Lagrange-Punkten. Viele Satelliten sind dort stationiert und veranstalten eine Weltraumparty. Seit Januar 2022 feiert das JWST mit.

Je röter, desto weiter

Das JWST ist ein Infrarotteleskop, das das Herz vieler Astronominnen und Astronomen höherschlagen lässt, denn von der Erde aus lässt sich der infrarote Teil des elektromagnetischen Spektrums nicht sehr gut beobachten: Die Erdatmosphäre wirkt in diesem Wellenlängenbereich wie eine undurchsichtige Decke über unseren Köpfen.

Aus diesem Grund gab es immer mal wieder Weltraumsatelliten, die auch im Infrarotbereich beobachteten. Der letzte richtig gute Satellit dieser Art, das Spitzer-Weltraumteleskop (2003–2020), hatte einen Spiegeldurchmesser von gerade einmal 85 Zentimetern, mehr als siebenmal kleiner als der des JWST. Dementsprechend bessere Messungen erwartet man vom neuen Teleskop.

Warum ist das so unglaublich aufregend für uns? Der Infrarotbereich erlaubt unter anderem einen Einblick in die Kinderstube des Universums. Ein großer Teil des Lichts, das uns von fernen Galaxien erreicht, ist die Summe des Lichts aller Sterne in der Galaxie. Sterne leuchten hauptsächlich im optischen Wellenlängenbereich, ähnlich wie unsere Sonne, weshalb menschliche Augen vor allem in diesem Bereich funktionieren.

Allerdings verschiebt sich die Strahlung einer Galaxie umso stärker ins Rote, je weiter sie von uns entfernt ist (dieser Effekt gilt für alle strahlenden Objekte im Universum, nicht nur für Galaxien). Dementsprechend kann das Sternenlicht ferner Galaxien plötzlich nicht mehr mit einem optischen, sondern nur noch mit einem Infrarotteleskop beobachtet werden. Ähnlich wie beim Dopplereffekt (siehe S. 21–22) hängt das damit zusammen, dass sich Galaxien von uns wegbewegen, weil das Universum expandiert und größer wird. Es ist der Raum selbst, der sich ausdehnt, die Galaxien werden in ihm mitbewegt. Dieser Effekt führt zur Rotverschiebung.

Eine neue Ära ist angebrochen

Das JWST ist mit seinem großen Spiegel und den Infrarot-Kapazitäten genau darauf ausgelegt, diese weit entfernten Galaxien zu sehen. Seine Performance ist überwältigend. Am 11. bzw. 12. Juli 2022 wurden die ersten Aufnahmen des JWST öffentlich vorgestellt. Die eigentliche Veranstaltung war ursprünglich für den 12. Juli 2022 geplant. Doch ein paar Tage vorher wurde bekannt gegeben, dass Joe Biden, der Präsident der Vereinigten Staaten, zusammen mit Kamala Harris, seiner Vizepräsidentin, und der JWST-Wissenschaftlerin Jane Rigby im Weißen Haus ein *special event* abhalten würden, bei dem die erste Aufnahme vorgestellt werden sollte.

So kam es dann auch. Das Event war für 23 Uhr deutscher Zeit angesetzt. Ich holte also eine Flasche Sekt aus dem Kühlschrank und setzte mich voller Erwartung und Spannung vor den Bildschirm. Meine Familie war zu diesem Zeitpunkt schon im Bett. Für einen Außenstehenden hätte es daher sicher nach einer eher traurigen Veranstaltung ausgesehen. Aber das war es nicht. Denn dank Internet und Social Media fühlte ich in diesem Moment so stark wie selten zuvor, dass ich Teil einer großen internationalen Gemeinschaft sein darf. Ich wusste, dass weltweit tausende Menschen vor den Bildschirmen sitzen, die alle jahrelang, manche gar jahrzehntelang, auf diesen Moment gewartet haben.

Das Tor zur Unendlichkeit

Webbs erstes Deep Field zeigt eine Aufnahme, die mit der Nahinfrarotkamera NIRCam aufgenommen wurde. Es zeigt den Galaxienhaufen SMACS 0723, dessen große Masse die dahinterliegenden Galaxien teilweise verzerrt und mehrfach darstellt. Dies ist der sog. Gravitationslinseneffekt. Manche der hier beobachteten Galaxien existierten bereits, als das Universum gerade mal einen Bruchteil seines jetzigen Alters besaß.

Doch Joe Biden ließ auf sich warten. Zunächst wurde eine 30-minütige Verspätung verkündet, dann eine 60-minütige.

Ich saß also nachts allein im Homeoffice mit meinem Sekt und starrte auf den Bildschirm. Auf Twitter wurden lustige Memes geteilt und Witzchen über die Wartemusik des Livestreams gemacht.

Irgendwann war es dann soweit. Zum Glück dauerte es nicht lange und wir bekamen das erste Bild zu Gesicht: das sogenannte *JWST Deep Field*. Es war ein unglaublich emotionaler Moment. Für viele war es vielleicht nur ein Bild mit hellen Punkten, doch mir war sofort klar: *Wow, das Teleskop funktioniert, und wir sind gerade Zeugen davon, wie eine neue Ära eingeleitet wird!*

Das JWST Deep Field zeigt einen winzigen Teil des Himmels. Oft und gerne nutzt man folgende Analogie, um sich die Größe dieses Bildausschnitts vorstellen zu können: Stellen Sie sich vor, Sie halten ein winziges Sandkorn eine Armlänge von sich weg. Die Fläche, die von diesem Sandkorn abgedeckt wird, entspricht in etwa der Größe des JWST Deep Fields.

Und trotzdem erkennt man in diesem kleinen Bildausschnitt – der übrigens längst zum Bildschirmhintergrund meines Laptops geworden ist – Tausende von Galaxien in unserem Universum. Die einen sind uns etwas näher, die anderen sind etwas weiter entfernt.

Interessant zu erwähnen ist noch, dass die Masse all jener Galaxien als sogenannte *Gravitationslinse* wirkt und das Licht der dahinterliegenden Galaxien beugt, verzerrt und sogar manche Galaxien doppelt und dreifach erscheinen lässt. Ein sehr bizarrer, aber auch nützlicher Effekt, mit dessen Hilfe man viele wichtige Messungen durchführen kann.

Jedes dieser kleinen Pünktchen ist eine ferne Galaxie in unserem Universum. Wir beobachten die Galaxien in ihrem damaligen Zustand, denn ihr Licht war oft Milliarden Jahre unterwegs. Manche gab es sogar schon, als der Kosmos gerade mal einen Bruchteil seines jetzigen Alters besaß. Mit dem HST wäre an vielen dieser Stellen nichts zu sehen.

Allerdings wurden die Daten im Anschluss an die Pressekonferenz noch nicht in einem Format veröffentlicht, das zur wissenschaftlichen Analyse taugt. Stattdessen gab es nur JPEG-Dateien. Dennoch stürzten sich einige meiner Kolleginnen und Kollegen auf die Bilder, um sie genauestens zu betrachten und sogar erste Rückschlüsse auf die Entfernung oder Beschaffenheit einzelner Galaxien zu ziehen. Diese und mittlerweile viele weitere Aufnahmen zeigen mitunter die allerersten Galaxien im Universum.

Das theoretische Modell, das wir vom Aufbau und der Entwicklung unseres Universums haben, macht konkrete Aussagen darüber, wie massereich Galaxien im frühen Universum waren. Zum Beispiel darf es laut dem kosmologischen Standardmodell keine massereichen Galaxien im frühen Universum geben, da sie nicht genügend Zeit hatten, auf eine solche Größe heranzuwachsen. Was wäre, wenn wir in den JWST-Daten doch eine derart massereiche Galaxie finden würden? Müssten dann alle Erkenntnisse über die Zusammensetzung, Entstehung und Entwicklung des Universums über Bord geworfen werden? Das ist leider nicht so einfach zu beantworten und hängt von einer Menge Faktoren ab. Dennoch wäre solch eine Entdeckung ziemlich spektakulär.

Viel Aufregung

In den Wochen nach Veröffentlichung der ersten Daten gab es tatsächlich eine Flut wissenschaftlicher Publikationen (die in den meisten Fällen jedoch noch nicht durch den wissenschaftlichen Prüfungsprozess gegangen waren). Diese ersten Studien suchten nach weit entfernten Galaxien in den Daten, um deren Massen mit den Vorhersagen des kosmologischen Standardmodells zu vergleichen. Bei manchen dieser Ergebnisse hörte man förmlich ein Raunen durch die Astro-Community gehen.

Nun ist es so, dass gerade die Kalibrierung der Messdaten in den Frühphasen eines neuen Teleskops noch nicht perfekt ist, die Daten

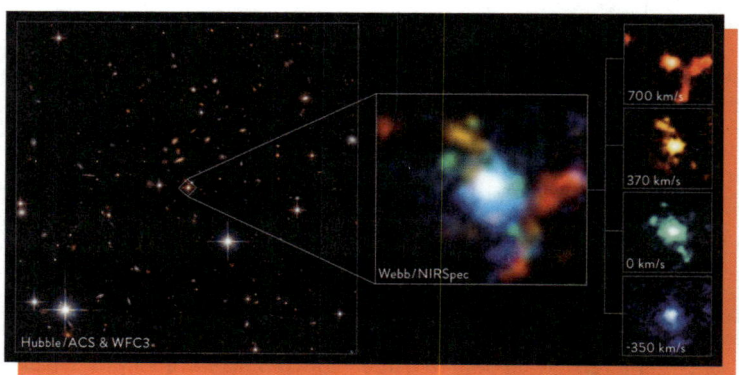

Hubble-Aufnahme des Quasars J1652 (links) und neue Beobachtungen mit dem James Webb Space Telescope (rechts). Sie zeigen die Verteilung und Bewegungen von Gas in dem jüngst beobachteten Galaxienhaufen im Umfeld des Quasars.

ändern sich noch regelmäßig. Das ist völlig normal und bei allen neuen Observatorien so.

Dabei sind die Korrekturen eigentlich nicht so groß. Wenn man aber die Masse einer Galaxie bestimmen möchte, die sich mehr als zehn Milliarden Lichtjahre von uns entfernt befindet, können auch kleinere Korrekturen einen großen Unterschied machen. Wir sehen also, dass unglaublich viel Potenzial in den neuen Daten steckt, auf die wir sehnsüchtig gewartet haben.

Letztlich werden uns die Ergebnisse verstehen helfen, wie die großräumigen Strukturen im Universum entstanden sind, die das Standardmodell der Kosmologie vorhersagt. Wie und wann sind die ersten Sterne und Galaxien entstanden? Und wie haben sich die ersten Schwarzen Löcher gebildet? Das JWST wird, da bin ich mir sehr sicher, endlich Licht ins Dunkel bringen [1,2].

Daneben gibt es unzählige weitere Fragen, die mithilfe des JWST adressiert werden sollen. Die Beobachtungskampagne meines

Teams zum Beispiel wurde in einem internationalen Wettbewerb als eines von dreizehn Projekten ausgewählt, die zuallererst durchgeführt werden. Jene Teams dürfen sich glücklich schätzen, als erste weltweit frische Daten zu erhalten. Die ersten Ergebnisse konnten wir dabei schon im Oktober des Jahres 2022 präsentieren [3,4,5]. Es ging um die Beobachtung einer Galaxie, die über elf Milliarden Lichtjahre entfernt ist und ein supermassereiches, hungriges Schwarzes Loch in ihrem Zentrum beherbergt.

Eigentlich wollten wir zuerst untersuchen, welchen Einfluss das Schwarze Loch im Zentrum der Galaxie auf die Galaxie selbst hat. Doch was wir fanden, hat uns wirklich sehr erstaunt: Wir konnten nachweisen, dass sich mindestens drei weitere Galaxien in unmittelbarer Nachbarschaft befinden.

Deren Eigenschaften lassen darauf schließen, dass wir einen sehr großen Masseknoten entdeckt haben, möglicherweise sogar die Geburtsstätte eines großen Galaxienhaufens!

Solch einen riesigen Haufen findet man tatsächlich nicht häufig und vor allem nicht einfach so. Dies ist insofern eine wichtige und spannende Entdeckung, als dass nachfolgende Beobachtungen nun zeigen werden, wie groß der Haufen ist, und welcher Zusammenhang zwischen dem Galaxienhaufen und der Aktivität des Schwarzen Loches besteht, das wir ursprünglich vermessen wollten.

Galaxienhaufen

Galaxienhaufen sind große Ansammlungen von Hunderten, manchmal sogar Tausenden von Galaxien, die gravitativ aneinandergebunden sind. Sie stellen die massereichsten Objekte im Universum dar. Die Messung der Verteilung und Häufigkeit von Galaxienhaufen, gerade im frühen Universum, erlaubt es, die Voraussagen des Standardmodells der Kosmologie zu überprüfen.

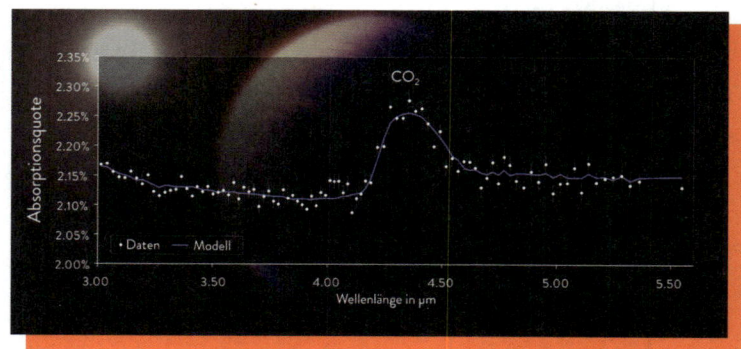

Für ein Transmissionsspektrum nimmt man zunächst das Sternenlicht auf, das durch die Atmosphäre eines Planeten gefiltert wird, während er über die Sternscheibe zieht. Anschließend wird es mit dem ungefilterten Sternenlicht verglichen, das erfasst wird, wenn sich der Planet neben dem Stern befindet. Jeder der 95 Datenpunkte (weiße Kreise) in diesem Diagramm stellt den Anteil des Lichts dar, der vom Planeten blockiert und von seiner Atmosphäre absorbiert wird. Diejenigen Wellenlängen, die stärker von der Atmosphäre absorbiert werden, erscheinen als Peaks im Transmissionsspektrum. Der Peak bei 4,3 Mikrometern ist charakteristisch für Kohlenstoffdioxid.

Ein anderes Team untersucht mithilfe von Spektren die Zusammensetzung von Atmosphären von entfernten Exoplaneten. Exoplaneten sind Planeten, die nicht um unsere Sonne kreisen, sondern um einen anderen Stern. Mit Hilfe der Daten des JWST konnte das erste Mal überhaupt Kohlenstoffdioxid (CO_2) in der Atmosphäre eines Exoplaneten nachgewiesen werden (siehe Kapitel „Raumschiff Erde") [6,7].

In der Pressemitteilung dazu heißt es: „Kohlenstoffdioxidmoleküle sind empfindliche Indikatoren für die Geschichte der Planetenbildung. Durch die Messung dieses Kohlendioxidmerkmals können wir feststellen, wie viel festes und wie viel gasförmiges Material zur Bildung dieses Gasriesenplaneten verwendet wurde. In den kommenden zehn Jahren wird JWST diese Messung für eine Vielzahl von Planeten durchführen und damit Einblicke in die Details der Planetenentstehung und die Einzigartigkeit unseres eigenen Sonnensystems geben."

Die Einzigartigkeit unseres Sonnensystems steht also außer Frage. Wir betreten mit JWST eine neue Ära der astronomischen Forschung und dürfen uns glücklich schätzen, dabei sein zu dürfen.

Das Kapitel in Kürze:

- Das JWST ist ein neues und vielversprechendes Weltraumteleskop, das im Infrarotbereich arbeitet. Mit ihm können wir u. a. die ersten Galaxien im Universum beobachten und so die Kindheit des Kosmos erforschen.
- JWST hat bereits eine Vielzahl an sehr weit entfernten Galaxien entdeckt und lässt uns über 13 Milliarden Jahre in die Vergangenheit blicken. Mithilfe des JWST wurde unter anderem auch eine sehr kompakte Anordnung von Galaxien gefunden, die einen der dichtesten Materieknoten im frühen Universum repräsentiert.
- In einer Vielzahl von Forschungsbereichen können wir in den nächsten Jahren bahnbrechende Ergebnisse erwarten, unter anderem zur Erforschung von Exoplaneten oder den ersten Sternen und supermassereichen Schwarzen Löchern.

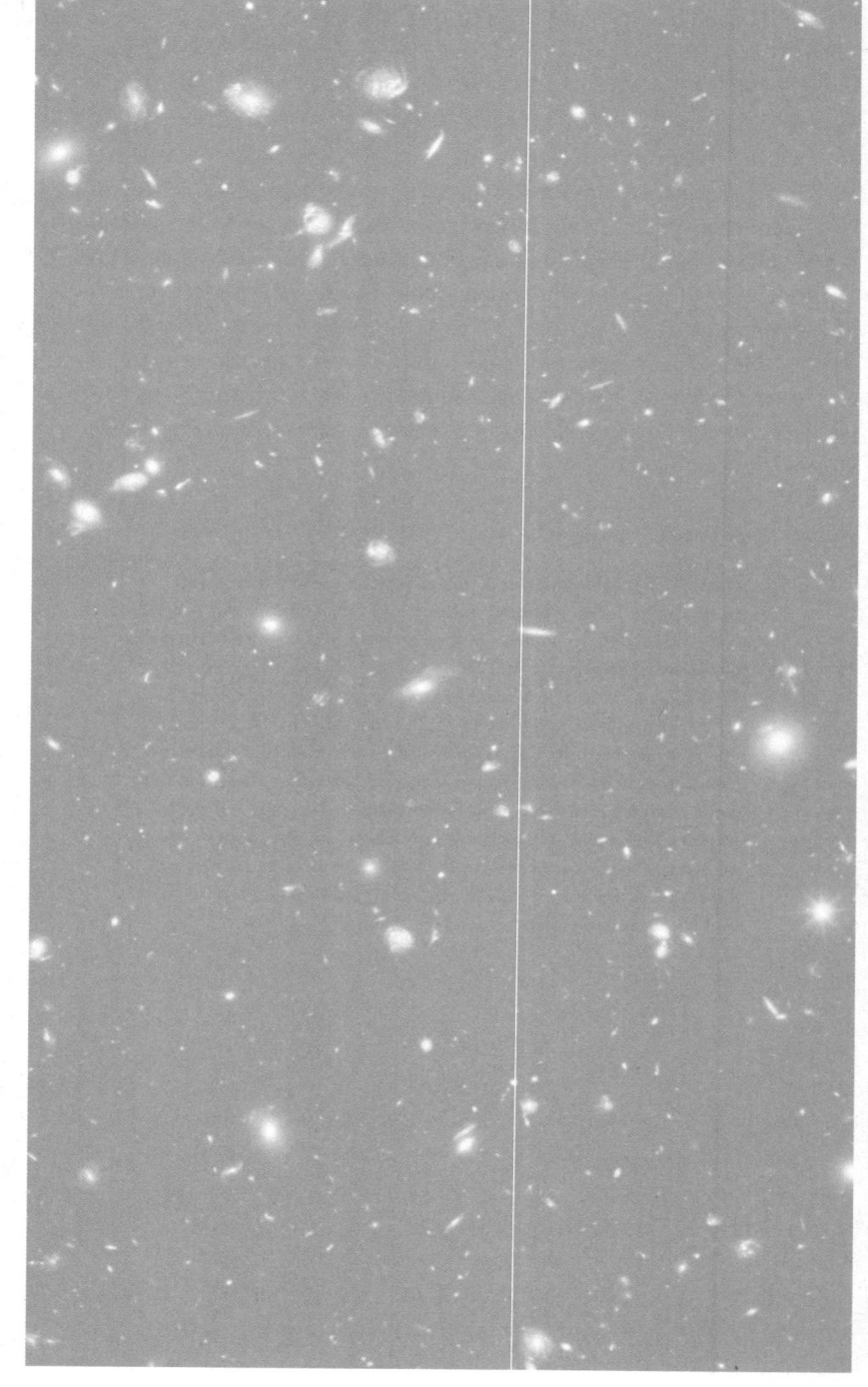

Teil II
Das frühe Universum

Nur wenn Theorie und Experiment zusammenspielen – so wie im vorherigen Teil beschrieben – können wir zu atemberaubenden Erkenntnissen gelangen. Erkenntnisse, die uns nun in eine Zeit kurz nach dem Urknall führen werden, als die Weichen für die Zukunft gestellt wurden.
Begleiten Sie Erik auf eine Reise durch das frühe Universum. Zunächst werden wir uns im ersten Kapitel einen groben Überblick über die Grundlagen des Standardmodells der Kosmologie verschaffen. Zeitlich gesehen sprechen wir dabei zunächst über die ersten 400.000 Jahre nach dem Urknall. Im nächsten Kapitel soll es dann um die Zusammensetzung des Universums gehen, während das dritte Kapitel seiner Geometrie gewidmet ist. Im letzten Kapitel werden wir darüber sinnieren, wie unglaublich fein abgestimmt das All wohl sein muss, damit biologisches Leben gedeihen kann.
Die Teleskope sind aufgebaut, die Computer fertig installiert. Los geht's!

Und es ward Licht

Bereits die ersten Sekunden nach dem Urknall waren einzigartig. Vor allem die Entstehung der Grundkräfte der Natur stellt Physikerinnen und Physiker noch heute vor große Rätsel, während die ersten Kernfusionsreaktionen den Grundstein für unsere Existenz legten. Jedoch musste das Universum zunächst ziemlich stark abkühlen, bevor sich die ersten stabilen Atome bilden konnten, aus denen später all die Planeten, Sterne und Galaxien entstehen würden. Erst dann ward es – einige hundert Millionen Jahre später – endlich Licht.

ZUGEGEBEN, DAS UNIVERSUM ist nicht gerade ein sehr lebensfreundlicher Ort. In ihm ist es nicht nur schweinekalt und stockdunkel, sondern auch gleichzeitig ziemlich einsam. So einsam, dass wir Menschen mittlerweile regelrechte Paranoia bei der Frage bekommen, ob wir nun wirklich alleine in den Weiten des Alls sind oder ob es noch andere intelligente Lebewesen geben könnte. Um Fragen wie diese zu beantworten, bauen wir überdimensionale Teleskope in die Wüste, schicken sauteure Satelliten ins Weltall oder konstruieren gigantische Supercomputer, mit denen wir versuchen, unser Dasein ein bisschen besser zu verstehen. Doch ist die Geschichte der Erforschung des Universums in der Tat alles andere als geradlinig verlaufen.

Die größte Eselei

Glaubt man all dem, was einem die Boulevardmedien hin und wieder weismachen wollen, könnte man direkt in Panik ausbrechen und seine erst kürzlich erworbenen Aktien wieder für teures Geld verscherbeln. „Steht unser Universum kurz vor dem Kollaps?", las ich da erst kürzlich eine reißerische Schlagzeile in einem großen Medium. So ein Quatsch. Kommen wir zu den Fakten: Unser Universum steht natürlich nicht kurz vor dem Zusammenbruch, sondern wird im Gegenteil immer größer und dehnt sich aus wie ein riesengroßer Luftballon, in den man mehr und mehr Luft reinbläst. Das wissen wir heute sehr genau, denn die Expansion kann man mittlerweile mit einer großen Genauigkeit vermessen. Zu Lebzeiten des genialen Physikers Albert Einstein ging man allerdings noch davon aus, dass das Universum statisch sei, sich also weder ausdehnt noch zusammenzieht. Diese Meinung war weit verbreitet, vor allem unter renommierten Physikern. Selbst Einstein war ein Verfechter dieser Idee, als er im Jahr 1915 sein großes Meisterwerk, die allgemeine Relativitätstheorie, publizierte.

Mit dieser Theorie stellte er erstmals einen revolutionären Zusammenhang her zwischen dem Materie- und Energieinhalt des Universums sowie seinen geometrischen Eigenschaften. Die so nach ihm benannten „Einstein-Gleichungen" der Gravitation gelten damals wie heute als Meilenstein der Physik und sind aus der modernen Forschung kaum mehr wegzudenken. Wenn Sie Physiker nach der schönsten Gleichung der Welt fragen, werden die meisten Ihnen wohl freudestrahlend die Einsteinschen Feldgleichungen an die Tafel schreiben. Trotz ihrer Popularität galten diese schon damals als äußerst schwer zu lösen, weil es sich um einen kompakten Satz komplizierter Differentialgleichungen handelt. Allerdings waren damals für die meisten praktischen Anwendungen weit und breit noch keine Lösungen in Sicht, und es war lange Zeit unklar, ob überhaupt welche existieren würden. Erst mit den Jahren kristallisierten sich erste vielversprechende Ansätze heraus, über die wir in den folgenden Kapiteln reden wollen.

Ich kann Ihnen sagen, dass die meisten Physikstudenten ordentlich ins Schwitzen geraten, wenn sie zum ersten Mal die Einstein-Gleichungen zu Gesicht bekommen. Gut in Erinnerung ist mir selbst noch eine Klausur aus dem fünften Semester, in der wir die Feldgleichungen für eine Schwarzschild-Raumzeit lösen mussten – jene Raumzeit, durch die das Wesen der Schwarzen Löcher beschrieben wird. Wie Sie sich denken könnten, hielt sich die Freude unter den Studierenden in Grenzen.

Die Einsteinschen Feldgleichungen

Die Einstein-Gleichungen beschreiben einen Zusammenhang zwischen der Geometrie der Raumzeit sowie der Beschaffenheit der Materie (genauer: der Energie-Impuls-Verteilung). Sie ermöglichen es zum ersten Mal, die Gravitation mithilfe geometrischer Überlegungen zu beschreiben und bilden heute die Grundlage der modernen Kosmologie.

Einstein versuchte der Annahme eines statischen Kosmos dadurch gerecht zu werden, indem er einen Λ-Term, den man auch als kosmologische Konstante bezeichnet, in seine Gleichungen integrierte. Dieser Schritt war zugegebenermaßen nicht ganz unumstritten, jedoch gelang es ihm dadurch, ein statisches Universum zu erklären, das sich weder ausdehnt, noch zusammenzieht. Allerdings war der Ursprung der kosmologischen Konstanten vollkommen unklar – und das sollte auch noch einige Jahrzehnte so bleiben.

Das expandierende Universum

Schließlich folgten einige bahnbrechende Entdeckungen, die Einsteins Weltbild schon bald gehörig ins Wanken bringen sollten. So vermutete der US-amerikanische Astronom Vesto Slipher (1875–1969) aufgrund seiner Studien am Lowell-Observatorium, dass das beobachtbare Universum in Wahrheit viel größer sei, als man bis zu diesem Zeitpunkt angenommen hatte. Slipher hatte beobachtet, dass das Licht zahlreicher Galaxien rotverschoben war und sie sich offenbar mit großen Geschwindigkeiten von uns wegbewegten. Er musste seinen eigenen Augen nicht getraut haben, als er bemerkte, dass er etwas ganz Großem auf der Spur war. Schließlich trug er seine Ergebnisse mit einer deutlichen Verzögerung von rund zwei Jahren auf der Jahrestagung der American Astronomical Society, einer der wichtigsten Fachtagungen der damaligen und heutigen Astro-Community, vor. Das veranlasste den US-amerikanischen Physiker Edwin Hubble im Jahre 1929 wiederum dazu, die Fluchtgeschwindigkeit einiger ausgewählter Galaxien zu untersuchen [1], wobei der belgische Priester und Astronom Georges Lemaître zuvor bereits ähnliche theore-

54 Mio. Lichtjahre

ist der Virgo-Galaxienhaufen in etwa von uns entfernt.

tische Überlegungen angestellt hatte. [2] Doch da seine Publikation auf Französisch erschien, wurde sie von den meisten Forschern nicht wahrgenommen und weitestgehend ignoriert; ein übliches Schicksal, das auch heute noch Forschende auf der ganzen Welt heimsucht, wenn sie ihre Ergebnisse nicht in englischer Sprache veröffentlichen.

Die Erkenntnisse von Hubble und Lemaître waren wirklich aufsehenerregend, denn sie zeigten, dass es einen linearen Zusammenhang geben muss zwischen der Entfernung der Galaxien und ihrer Fluchtgeschwindigkeit. Konkret zeigte sich, dass sich Galaxien umso schneller von uns wegbewegen, je weiter sie von uns entfernt sind (im Kapitel „Entstehung der Welteninseln" werden wir darauf noch genauer zu sprechen kommen).

Damit war der Geist endgültig aus der Flasche, denn das Modell eines statischen und für immer gleichbleibenden Universums, das Einstein so vehement propagiert hatte, war fortan nicht mehr haltbar und widersprach sämtlichen astronomischen Beobachtungen.

Einstein war außer sich vor Wut, denn die Arbeiten von Hubble und Lemaître bewiesen eindrucksvoll, dass die Einführung der kosmologischen Konstanten zur Erklärung eines statischen Universums keinen Sinn ergibt. Schließlich verwarf Einstein den Λ-Term als seine „größte Eselei", zumindest wird es heute gemeinhin so kolportiert. Erst Ende der 1990er Jahre wurde er lange nach seinem Tod rehabilitiert, als die Physiker Adam Riess, Saul Perlmutter und Brian P. Schmidt, ihrerseits US-amerikanische Astrophysiker, anhand der Beobachtung weit entfernter Supernovae nachwiesen, dass das Universum sogar beschleunigt expandiert und auf keinen Fall statisch sein kann.

Sofort begab man sich auf Ursachensuche und fand schon bald heraus, dass nur Einsteins kosmologische Konstante für die Expansion des Universums verantwortlich sein kann. Der Λ-Term leistet also genau das Gegenteil von dem, wofür er ursprünglich vorgesehen war. Zuerst sollte er ein vollkommen statisches Universum erklären, jetzt ist er sogar für seine Dynamik verantwortlich! Ein Treppenwitz der Geschichte.

Doch was steckt hinter der kosmologischen Konstanten? Es dauerte nicht lange, da gab es die ersten weitreichenden Vermutungen. So spekulierten einige Physiker, dass ein mysteriöser Stoff namens *dunkle Energie* für die Expansion des Alls verantwortlich sein soll, obwohl kein Mensch bis dahin wusste, um was für eine merkwürdige Substanz es sich dabei eigentlich handelt. Heute wissen wir, dass die dunkle Energie eine Energieform sein muss, die antigravitative (bzw. abstoßende) Eigenschaften hat und somit die Ausdehnung des Universums antreibt. Spätere Beobachtungsmissionen der Weltraumsatelliten WMAP (Wilkinson Microwave Anisotropy Probe) und Planck sollten die obigen Thesen vollumfänglich bestätigen: Das Universum besteht in der Tat zum Großteil aus dunkler Energie. Über ihren Ursprung rätseln die Wissenschaftler noch heute, doch dazu später mehr.

Die Physik des Taubenschiss

Nimmt man wie Hubble oder Lemaître an, dass sich das Universum ausdehnt, gelangt man rasch zu dem Schluss, dass es in der Vergangenheit einmal sehr dicht und heiß gewesen sein muss. Auf diese Weise entstand mit der Zeit die Urknall-Hypothese, nach der das Universum vor ca. 13,8 Milliarden Jahren das Licht der Welt erblickt hat.

Es gibt eine lustige Anekdote über den britischen Astronomen Fred Hoyle (1915–2001), der sich in einer Radiosendung einmal öffentlich über die Urknalltheorie äußerte, weil er nicht glauben wollte, dass das Universum einst aus einem Punkt entstanden ist. So sprach er scherzhaft vom Big Bang, nicht ahnend, dass er damit der Urknalltheorie erst richtig Aufwind gab.

Untermauert wurde jene *Big-Bang-Theorie*, nach der im Übrigen auch die gleichnamige US-Sitcom mit Sheldon Cooper benannt ist, durch eine atemberaubende Entdeckung aus dem Jahre 1964. Die

Die Hornantenne in Holmdel, New Jersey (USA), mit der 1964 zufällig die kosmische Hintergrundstrahlung entdeckt wurde.

beiden US-Physiker Arno Penzias und Robert Woodrow Wilson hatten gerade eine spezielle Antenne aufgebaut, die sie für ihre neuen Experimente zur Kommunikation mit erdnahen Satelliten verwenden wollten. Sie besaß eine doch recht merkwürdige Form und sah aus wie ein riesiges überdimensionales Blashorn aus Metall, was ihr am Ende den süffisanten Namen Hornantenne einbrachte. Musikalische Ambitionen hatten beide jedoch nachweislich nicht.

Als Penzias und Wilson eines Tages ihre Experimente auswerteten, bemerkten sie schließlich einige Ungereimtheiten. Die Daten der Experimente zeigten ein störendes Hintergrundrauschen, und zuerst glaubten sie, der Taubenschiss auf der Antenne, den sie unmittelbar entfernten, sei schuld daran. Doch ihre Putzaktion brachte nichts. Später stellte sich heraus, dass es sich tatsächlich um eine

Strahlung aus dem Weltall handelte: die kosmische Hintergrundstrahlung (im Englischen: *CMB*, cosmic microwave background, genannt). Ihre Entdeckung war eine Sensation und brachte beiden 1978 sogar den Nobelpreis für Physik ein.

Noch heute kann man den CMB sogar zu Hause beobachten, falls Sie nicht ausschließlich online via Netflix oder Amazon Prime streamen sollten. Bestimmt haben Sie schon mal ein wildes Ameisenfußballspiel auf einem alten Fernsehgerät gesehen, zumindest nannten wir das Rauschen in unserer Kindheit damals so, als wir unerlaubt in den frühen Morgenstunden die neuen Serien von Micky Mouse schauten. Ein beträchtlicher Anteil dieses Rauschens stammt tatsächlich aus den Tiefen des Weltalls.

In lebhafter Erinnerung ist mir auch noch eine Vorlesung zur Kosmologie im Jahre 2010 geblieben. Kurz nachdem der Dozent die Theorie zur kosmischen Hintergrundstrahlung erklärt hatte, flog plötzlich ein Vogel durch das offene Fenster in den Hörsaal und kackte frech vor den Dozenten auf den Boden. Das Schicksal hatte zugeschlagen, das Gelächter im Hörsaal war groß.

Die kosmische Hintergrundstrahlung ist ein Paradebeispiel für die sogenannte Schwarzkörperstrahlung, deren Spektrum man sehr genau mithilfe des Planckschen Strahlungsgesetzes berechnen kann. Der deutsche Physiker Max Planck (1858–1947), einer der berühmtesten Mitbegründer der Quantentheorie, ging davon aus, dass elektromagnetische Wellen in Form von Teilchen bestimmter

> **Das Plancksche Strahlungsgesetz**
>
> Das Plancksche Strahlungsgesetz beschreibt die Intensität der Wärmestrahlung, die von einem perfekten Strahler bestimmter Temperatur abgegeben wird. Planck fand das Gesetz im Jahr 1900, indem er annahm, dass elektromagnetische Strahlung in Form von winzigen Energiepaketen, den Quanten, ausgesandt wird.

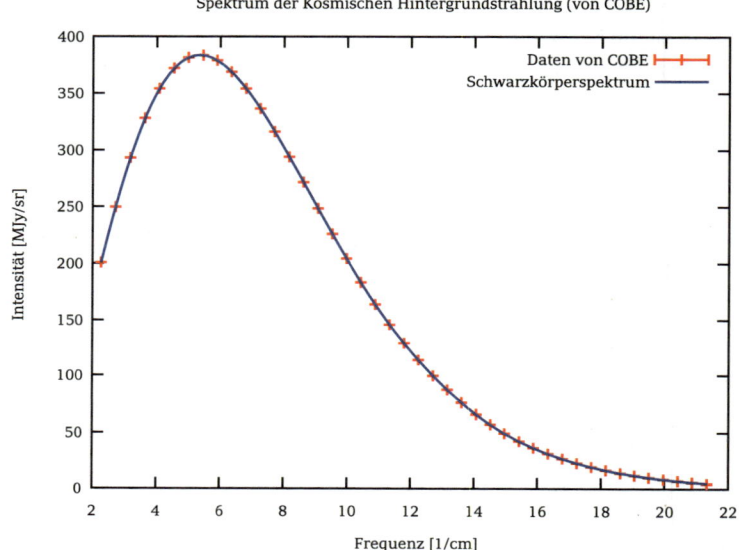

Das CMB-Spektrum kann mit hoher Genauigkeit durch das Plancksche Strahlungsgesetz beschrieben werden. Die roten Punkte wurden von COBE, dem Vorgänger des Planck-Satelliten, gemessen, die blaue Linie beschreibt das Plancksche Gesetz. Beide passen bemerkenswert gut zusammen.

Energie, den Quanten, vorkommen. Planck postulierte, dass es eine kleinste Energieeinheit in der Natur gibt, die wir heute Plancksches Wirkungsquantum nennen. Es sollte sich später herausstellen, dass genau diese Annahmen uns das Tor zum Verständnis des Universums erst eröffneten.

Erstaunlich ist vor allem, dass der CMB mit ziemlich hoher Präzision durch das Plancksche Strahlungsgesetz beschrieben werden kann (siehe Abb. oben). Die Photonen, die uns heute aus allen möglichen Himmelsrichtungen erreichen und das Rauschen in Penzias und Wilsons Hornantenne produziert haben, stammen allesamt

> ### Das Kelvin
>
> In der Physik greift man für Temperaturangaben auf die sogenannte Kelvin-Skala zurück. Sie funktioniert ähnlich wie die Celsius-Skala, nutzt aber einen anderen Nullpunkt: 0 Kelvin entspricht dem absoluten Nullpunkt (ca. -273 °C), der Theorie nach die tiefstmögliche Temperatur. Eis schmilzt entsprechend bei ca. 273 Kelvin (0 °C), Wasser kocht bei ca. 373 Kelvin (100 °C).

aus der Frühphase des Universums. Darüber hinaus kann man dem Photonen-See sogar eine Temperatur zuweisen, die Temperatur des Universums! Sie beträgt ca. 2,73 Kelvin über dem absoluten Nullpunkt. Der Kosmos hat sich im Lauf der Zeit somit sukzessive abgekühlt. Tatsächlich sind die Photonen ein Relikt des Urknalls und ein eindrucksvoller Beweis dafür, dass unser Universum einmal einen Anfang gehabt haben muss. Das Nachglühen des Big Bang!

Homogenität und Isotropie des Alls

Schließlich kristallisierte sich über die vergangenen Jahrzehnte auf Basis zahlreicher Beobachtungen und theoretischer Berechnungen das äußerst erfolgreiche Standardmodell der Kosmologie heraus. Dieses beruht im Wesentlichen auf Einsteins Relativitätstheorie und auf Gleichungen, die von dem russischen und sowjetischen Physiker Alexander Friedmann (1888–1925) entwickelt wurden. Diese nach ihm benannten Friedmann-Gleichungen beschreiben die Entwicklung des Universums als Funktion der Zeit und seines Inhalts und können mit ein wenig Geschick aus Einsteins Theorie abgeleitet werden, wenn man einige wesentliche Annahmen trifft, auf denen das gesamte Standardmodell der Kosmologie fußt. Die Rede ist dabei von der Homogenität und Isotropie des Alls.

Der britische Physiker Edward A. Milne stellte diese Vermutungen bereits im Jahr 1933 auf. Seine physikalische Intuition kann für die moderne Forschung kaum hoch genug eingeschätzt werden, denn er ging einerseits davon aus, dass sich das Universum im Großen und Ganzen praktisch von überall gleich darstellt, was als das sogenannte Prinzip der Homogenität, auch kopernikanisches Prinzip genannt, bekannt wurde. Andererseits sollte das Universum auch in alle Raumrichtungen gleich aussehen, was durch das Prinzip der Isotropie beschrieben wird. Demnach gibt es zum Beispiel keine ausgezeichnete Raumrichtung, in der man im Mittel wesentlich mehr oder weniger Galaxien antrifft. Zusammen bilden sie das kosmologische Prinzip, einen wesentlichen Grundpfeiler des kosmologischen Standardmodells. Ohne diese zentralen Prinzipien wäre es uns nicht möglich, das Universum im großen Maßstab überhaupt zu verstehen und mathematisch zu beschreiben.

Die Stunde Null

Glaubt man nun den Gesetzen der Wissenschaft, hat unser Universum vor rund 13,8 Milliarden Jahren das Licht der Welt erblickt. Die Stunde Null. Was vor dem Urknall war, ist wissenschaftlich nicht greifbar, wir können höchstens darüber spekulieren. Gab es eine Welt vor unserer? Und wenn ja, wie hat sie sich von unserem Universum unterschieden? Fragen, die nicht nur für die Physik, sondern auch für die Philosophie und Theologie von fundamentaler Bedeutung sind, die wir in diesem Buch jedoch nicht weiter verfolgen wollen.

Als das Universum entstand, war es winzig klein, kaum größer als ein Atomkern. Doch es war nur ein trostloses langweiliges Energieuniversum, das allerkleinste Schwankungen aufwies, die später das Muster des CMB verursachen sollten. Der Fingerabdruck der Schöpfung. Das Bild rechts zeigt dazu eine aktuelle Karte des kosmischen Hintergrunds, wie er vom berühmten Planck-Satelliten vermessen wurde. Es ist das älteste Licht des Universums, das dem Kosmos aufgedrückt wurde, als er gerade einmal 400.000 Jahre alt

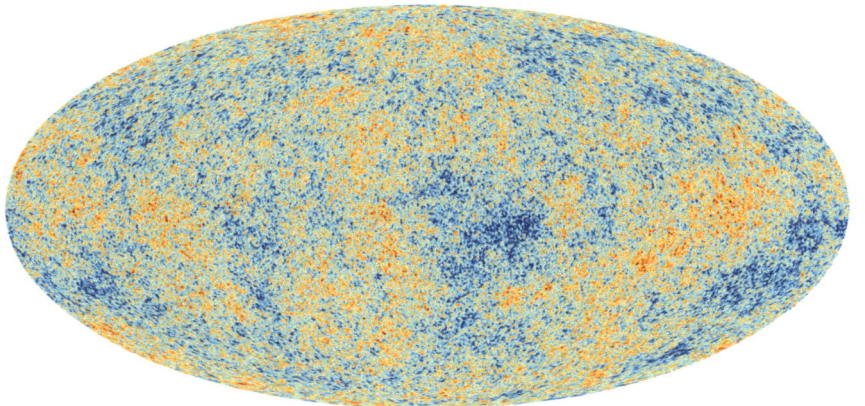

Die Karte der kosmischen Hintergrundstrahlung, wie sie vom Planck-Satelliten gemessen wurde. Der Farbunterschied von rot zu blau charakterisiert Schwankungen in der Temperatur von nur 0,00001 Kelvin.

war. Dargestellt sind winzige Fluktuationen in der Temperatur. Diese Strukturen repräsentieren, im großen wie im kleinen Maßstab, die verschiedenen Materiedichten, die später zur Entstehung der Galaxien beitragen werden. Diese Erkenntnis gehört, wie ich finde, zu den faszinierendsten Errungenschaften der modernen Kosmologie. Wir Menschen sind nichts weiter als die letzten Artefakte des frühen Universums, die Folge winziger Quantenfluktuationen! Sollte es tatsächlich eine vereinheitlichte Theorie der Physik geben, die das gesamte Universum beschreibt, dann muss dies zwangsweise eine Theorie der Quantengravitation sein, die sowohl Einsteins Theorie der Gravitation als auch die Quantentheorie vereinigt.

Jetzt zu ein paar Zahlen, da müssen wir durch. Zu dem Zeitpunkt, als das Universum entstand, betrug seine Temperatur sage und schreibe 10^{32} Grad Celsius! Das war ungefähr 10^{-43} Sekunden nach dem Urknall der Fall, eine Zahl mit 42 Nullen hinter dem Komma. Man spricht auch von der Planck-Zeit, die kleiner ist als alles, was man sich bildlich vorstellen kann. Um einen einfachen Vergleich zu

> ### Die Planck-Größen
>
> Die Planck-Größen beschreiben die Grenzen der Anwendbarkeit unserer physikalischen Gleichungen. Neben der Planck-Zeit gibt es u. a. noch eine Planck-Länge. Während die Planck-Zeit die kleinste uns zugängliche Zeitspanne angibt, beschreibt die Planck-Länge im selben Sinne die kleinste Strecke, unterhalb der die Naturgesetze nicht mehr anwendbar sind.

bemühen, könnten Sie beispielsweise an einen Lichtstrahl denken, der ein einziges Atom durchquert und dafür gerade mal schlappe 10^{-18} Sekunden benötigt. Das ist nichts im Vergleich zu der Zeit, die nötig ist, um einmal zu blinzeln (ca. 0,1 Sekunde) oder ein menschliches Herz vollständig elektrisch zu erregen (ca. 0,2 Sekunden). Die Planck-Zeit hingegen ist nochmal um etliche Größenordnungen kleiner!

Nun geschah etwa eine Planck-Zeit nach dem Urknall etwas vollkommen Erstaunliches: die fundamentalen Kräfte entstanden. Insgesamt beobachten wir heute vier Naturkräfte: die Gravitation, die starke und schwache Kernkraft sowie die Kraft des Elektromagnetismus. Die Gravitation zwingt sämtliche Planeten auf eine Umlaufbahn um die Sonne, der Elektromagnetismus hält das Bier in Ihrem Kühlschrank kalt, die starke Kernkraft bindet Protonen und Neutronen in den Atomen zu einem Kern zusammen und die schwache Kernkraft kontrolliert den radioaktiven Zerfall, womit sie sich somit auch indirekt für das Reaktorunglück von Tschernobyl im Jahre 1986 verantwortlich zeigt.

Und obwohl die Grundkräfte bis zu diesem Zeitpunkt mutmaßlich noch in einer Urkraft vereint waren, spalteten sie sich plötzlich auf: in eine sogenannte GUT-Kraft, was für *Grand Unified Theory* steht, und in die Gravitation. Die GUT-Kraft bestand zunächst aus drei Grundkräften, die sich kurze Zeit darauf trennten, als der Kosmos sich ausdehnte und abkühlte. Übrig blieben die vier gängigen Grundkräfte, die heute unser Leben bestimmen und das Universum zu dem machen, was es ist.

Es knallt zum zweiten Mal

Wenn der Urknall überhaupt ein Knall war, so war er jedenfalls kaum vergleichbar mit dem, was sich Bruchteile einer Sekunde später abspielte. Im kosmologischen Standardmodell spricht man auch von der Periode der *Inflation*. Wenn wir heute in den 20-Uhr-Nachrichten das Wort Inflation hören, denken die meisten wohl eher an die Entwertung ihres Geldes im Zuge einer Verteuerung der Preise. Teure Butter und Milch für weniger Inhalt. Dabei mag der Unterschied zur Astrophysik gar nicht so groß sein.

Das Inflationsmodell wurde 1981 durch den klugen US-Physiker Alan Guth vorgeschlagen und später durch Andrei Linde und Paul Steinhardt erweitert. [3] Guth nahm dabei an, dass das Universum sich innerhalb von Bruchteilen einer Sekunde nach dem Urknall um ein Vielfaches seiner ursprünglichen Größe aufgebläht haben muss – schätzungsweise um den Faktor von einer Milliarde, Milliarde, Milliarde, Milliarde, Milliarde! Die entscheidende Frage ist dabei, was eine solche Expansion überhaupt verursacht haben könnte. Und obwohl die Inflationstheorie noch heute ein aktives Forschungsgebiet in der theoretischen Physik darstellt, gilt das Inflationsmodell mittlerweile als die vielversprechendste Theorie des frühen Universums, an der zahlreiche Wissenschaftler pausenlos arbeiten. Zugleich könnte das Modell sogar indirekt erklären, wie es zur Entstehung der Materie gekommen ist. Im Zuge eines Prozesses, den man *Reheating* nennt, zerfiel laut einer gängigen Theorie ein Teil der Energie des Universums auf mysteriöse Weise in die uns bekannte Materie. Die Einzelheiten jenes Vorgangs liegen aber bis heute noch im Dunkeln und sind Gegenstand aktueller Forschung. Wir werden im Kapitel „Geometrie mal anders" nochmal darauf zurückkommen.

Die kosmische Teilchensuppe

Bis zum Ende der gerade erwähnten Phase der Inflation sind nun 10^{-30} Sekunden vergangen. Zu diesem Zeitpunkt hatte das Weltall einen vergleichsweise kleinen Radius von rund 300 Millionen Kilometern, den doppelten Abstand von der Erde zur Sonne. Trotzdem betrug seine Temperatur noch stolze 10^{25} Grad Celsius. Das war jedoch ausreichend, damit sich die allerersten Elementarteilchen ausbilden konnten: die Quarks und Antiquarks, aus denen später die Protonen und Neutronen werden würden. Man spricht deshalb von der *Quark-Ära*.

Der seltsame Name dieser wundersamen Teilchen stammt im Übrigen von dem US-amerikanischen Physiker und Nobelpreisträger Murray Gell-Mann (1929–2019), der das Quark-Modell im Jahr 1961 vorgeschlagen hatte. Entgegen der landläufigen Annahme hat jenes Quark allerdings nichts mit dem leckeren Speisequark aus dem Supermarkt zu tun, den Sie zur Zubereitung Ihrer Nachtische verwenden. Ein Kommilitone scherzte früher einmal am Rande einer Teilchenphysik-Vorlesung, dass Gell-Mann deutlich reicher geworden wäre, wenn er doch nur den richtigen Quark erfunden hätte.

> Neutrinos wechselwirken kaum mit normaler Materie. Sie zu detektieren erfordert meistens jede Menge Aufwand.

Das frühe Weltall kühlte sehr schnell ab, und kurz nachdem die Quarks die kosmische Bühne betraten, verbanden sie sich auch schon unmittelbar zu den Protonen und Neutronen, wodurch sie die Ära der Nukleonen, der ersten Kernteilchen, einläuteten. Das war ca. 10^{-6} Sekunden nach dem Urknall der Fall. Das Universum bestand zu diesem Zeitpunkt nur aus einer wirren Teilchensuppe, bestehend aus Protonen, Neutronen, Photonen, Elektronen, Neutrinos sowie deren Antiteilchen.

Vielleicht haben Sie noch nie etwas von diesen Neutrinos gehört. Bei ihnen handelt es sich mutmaßlich um sehr leichte Teilchen, von denen bis vor Kurzem noch nicht mal klar war, ob sie überhaupt eine Masse besitzen. Mittlerweile geht man jedoch davon aus, dass ihre Masse existiert, aber winzig klein ist. Allein während Sie diese wenigen Textzeilen hier lesen, durchströmen Ihren Körper Millionen kosmischer Neutrinos, ohne dass Sie davon Kenntnis nehmen.

Anschließend setzten die ersten Kernfusionsprozesse ein. Dabei handelt es sich prinzipiell um Vorgänge, wie sie sich seit vielen Millionen Jahren im Zentrum unserer Sonne ereignen. Die Fusionstheorie der ersten Elemente im Universum wurde im Jahre 1948 von den Physikern Ralph Alpher und George Gamow entwickelt. Alpher war ein Student von Gamow und schrieb gerade an seiner Doktorarbeit, als die beiden die Ergebnisse ihrer Arbeit im selben Jahr in einem berühmten Paper publizierten, das den Titel „The Origin of Chemical Elements" trug. [4] Und wie Physiker nunmal so sind, erlaubten sich die beiden einen gemeinen Scherz, denn da ihre Namen so ähnlich klangen wie die griechischen Buchstaben Alpha und Gamma, schrieben sie ungefragt einfach noch den Namen des Forschers und späteren Physik-Nobelpreisträgers Hans Bethe (1906–2005) mit auf die Veröffentlichung. Nun las sich die Autorenschaft wie „Alpher, Bethe, Gamow", ein Grund, weshalb man heute von der „$\alpha\beta\gamma$-Theorie" spricht, in Anlehnung an die ersten Buchstaben des griechischen Alphabets. Wie Bethe auf den Scherz reagiert hat, ist indes nicht überliefert. Es gibt jedoch Stimmen, die behaupten, Bethe soll den Scherz als anonymer Editor am Ende sogar mitgemacht haben.

Die $\alpha\beta\gamma$-Theorie prägt bis heute unser Verständnis des frühen Universums und eröffnete letztlich das Tor zur Entstehung der chemischen Elemente.

Während Bruchteile einer Sekunde nach dem Urknall also die ersten Kernfusionen begannen – eine Phase, die man in der Physik *primordiale Nukleosynthese* nennt – verschmolzen bei ca. 10^9 Grad Celsius zuerst die Protonen und Neutronen zu dem Isotop Deuterium, worunter man Wasserstoff mit einem weiteren Neutron im Kern versteht. Das Deuterium wird vom Universum noch als

Zwischenschritt benötigt, um daraus im nächsten Schritt das uns allen von Jahrmärkten bekannte und von Kindern geschätzte Helium zu fusionieren. Allerdings musste fortan das Timing der Fusionen stimmen: Denn um Deuterium zu fusionieren, bedarf es einerseits freier Neutronen. Diese sind jedoch im Gegensatz zu den Protonen nicht sonderlich stabil, sondern zerfallen nach etwa zehn Minuten in Protonen, Elektronen und Antineutrinos. Ohne Neutronen kann also einerseits kein Deuterium produziert werden, andererseits war das All aber noch viel zu heiß, als dass die Deuteriumteilchen das kosmische Bombardement der hochenergetischen Photonen hätten überleben können. Wir stehen vor einem großen kosmischen Dilemma, das einem Wettlauf gegen die Zeit gleicht.

Dabei zeigen unsere Berechnungen, dass die meisten Fusionsreaktionen nach fünf bis sechs Minuten weitestgehend abgeschlossen waren. Zwar bildeten sich neben dem Helium noch geringere Mengen an Lithium und Beryllium, jedoch können noch höhere Elemente wie Kohlenstoff, Sauerstoff oder Stickstoff, die Grundbausteine des Lebens, so kurz nach dem Urknall nicht mehr erbrütet werden. Sie sollten erst einige Millionen Jahre später in den Hochöfen der ersten Sterne entstehen (Kapitel „Zur richtigen Zeit am richtigen Ort").

Das All wird durchsichtig

Nachdem die primordiale Nukleosynthese abgeschlossen war, bestand das Universum zu ca. 25 % aus Helium und zu 75 % aus Wasserstoff. Das Deuterium wiederum machte nur 0,001 % aus, ganz zu schweigen von den restlichen Elementen. Diese Häufigkeiten können Physiker noch heute in interstellaren Molekülwolken nachweisen, was ein großartiger Beweis dafür ist, dass unsere Modelle über die Frühphase des Universums richtig sein müssen.

Allerdings lag die Materie damals noch als Plasma vor, während das Universum vollkommen undurchsichtig war, was bedeutet, dass man nicht durch den diffusen Nebel hindurchschauen konnte. Bis

Plasma

Als Plasma bezeichnet man extrem heißes ionisiertes Gas, das aus einem Teilchenmischmasch aus freien Elektronen, Ionen und neutralen Atomen besteht. Oftmals bezeichnet man es auch als vierten Aggregatzustand, neben den uns bekannten Zuständen fest, flüssig und gasförmig.

zu diesem Zeitpunkt war das All hauptsächlich strahlungsdominiert, trat aber allmählich in eine Phase ein, in der die Gravitationskraft es schaffte, erste Verklumpungen zu bilden. Es begann schließlich die materiedominierte Phase des Weltalls.

Erst nach rund 400.000 Jahren, als das All weiter auf ca. 3000 Kelvin abgekühlt war, konnten sich die ersten stabilen Atome bilden, die einen Kern sowie eine entsprechende Hülle mit Elektronen besaßen. Diese Phase wird als Epoche der *Rekombination* bezeichnet, obwohl der Begriff eigentlich vollkommener Blödsinn ist, weil er suggeriert, dass vorher schon mal eine ähnliche Kombination der Teilchen stattgefunden hätte, was augenscheinlich nicht der Fall war. Gleichzeitig lösten sich die Photonen erstmals von der Materie, mit der sie zuvor in reger Wechselwirkung standen, während das All durchsichtig wurde. Die kosmische Hintergrundstrahlung war entstanden! Das erste sichtbare Licht der Welt, das Echo des Urknalls, das wir noch heute in unseren alten Fernsehgeräten beobachten können.

Es sollte anschließend noch einige weitere Millionen Jahre dauern, bis die Schwerkraft es geschafft hatte, die frühen Gaswolken in funktionierende Sterne zu pressen. Bis dahin war das Universum jedoch weitestgehend dunkel. Dieses *dunkle Zeitalter* sollte noch weitere 100 Millionen Jahre den Lauf der kosmischen Geschichte bestimmen.

Anschließend bildeten sich unter dem großen Druck der Eigengravitation großräumige Strukturen aus Materie aus. Es sind die

Teil II – Das frühe Universum

Stunde Null – der URKNALL.
Das Universum entsteht aus
einem dichten Punkt.

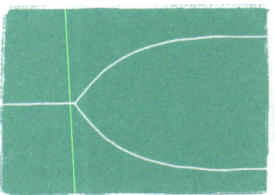

10^{-35} s später:
Das Universum dehnt sich
explosionsartig aus!

10^{-30} s später:
Die allerersten ELEMENTAR-
TEILCHEN entstehen.

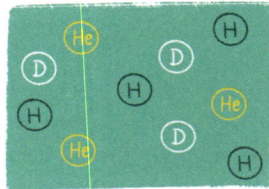

6 min später:
Die ersten ATOMKERNE
entstehen.

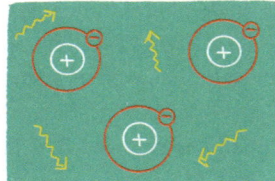

400.000 Jahre später:
Entstehung der kosmischen
HINTERGRUNDSTRAHLUNG

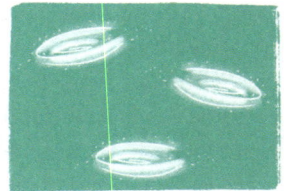

200 Mio. Jahre später:
Die ersten STERNE und
GALAXIEN entstehen.

9 Mrd. Jahre später:
Unser SONNENSYSTEM
und die ERDE entstehen.

13,8 Mrd. Jahre später:
Hier und Heute – das sind wir!

Die Entstehung des Universums im Überblick.

Galaxien, die wir heute mit Teleskopen beobachten können und die Sterne und Planeten, manche sogar mit sehr wundersamen Lebewesen, hervorgebracht haben.

Der Comic links fasst die Entwicklungsgeschichte nochmal kurz und knapp zusammen. Eine Entwicklung wie diese mag in der Tat verwunderlich klingen, angefangen bei Einsteins Idee eines statischen Kosmos bis hin zu einem expandierenden Universum, das alle Rekorde bricht. Doch wie wir sehen werden, hat die Geschichte des Universums gerade erst begonnen.

Das Kapitel in Kürze:

> Das kosmologische Standardmodell beschreibt die Entwicklung unseres Universums, das vor 13,8 Milliarden Jahren aus einem Urknall entstand und seitdem expandiert. Es fußt auf Einsteins allgemeiner Relativitätstheorie und wurde durch verschiedene Beobachtungen bestätigt. Die kosmische Hintergrundstrahlung, die wir noch heute messen können, ist ein Relikt dieses Urknalls.

> Kurz nach dem Urknall expandierte das Universum in einer Phase der Inflation auf ein Vielfaches seiner ursprünglichen Größe. Anschließend bildeten sich die Elementarteilchen, danach die Protonen und Neutronen. Im Rahmen der primordialen Nukleosynthese entstanden schließlich höhere Elemente wie das Deuterium, Helium und Lithium.

> Es zeigte sich dabei, dass die Fusionsreaktionen sehr genau auf die Expansion des Alls abgestimmt sein mussten. Andernfalls hätten nur wenige oder gar keine höheren chemischen Elemente gebildet werden können. Unser Universum wäre zu einem langweiligen und trostlosen Energieuniversum geworden.

> Bereits nach sechs Minuten waren die meisten Fusionsreaktionen beendet. Nach 400.000 Jahren wurde das All schließlich durchlässig für Licht, die kosmische Hintergrundstrahlung entstand. Später bildeten sich die Galaxien aus der großräumigen Verteilung der Materie, deren Ursprung Quantenfluktuationen aus dem frühen Universum sind.

Irgendwas ist schief

Eigentlich sollten nach dem Urknall Materie und Antimaterie in gleichen Teilen entstanden sein, was zur Folge gehabt hätte, dass sich alle Teilchen sofort in Strahlung verwandelt hätten. Doch gibt es in unserem Universum ganz offensichtlich sehr viel Materie: schnell fahrende Autos, leckere Früchte und süße Koalabären. Wieso um alles in der Welt gibt es nicht nichts? Irgendwas ist schief. Warum hat sich unser Universum letztlich zu einem Paradies für Sterne und Galaxien entwickelt und ist nicht zu irgendeinem beliebigen Zombie-Universum geworden, das lebensfeindliche Bedingungen aufweist?

FRAGT MAN EINEN ASTROPHYSIKER, aus welchem Stoff das Universum besteht, erntet man häufig vorwurfsvolle Blicke. Ähnlich geschah es in einem mitreißenden Vortrag des späteren Physik-Nobelpreisträgers Roger Penrose, den ich vor einigen Jahren an der Universität Heidelberg besucht hatte. Penrose ist zweifelsohne ein großartiger Redner und meiner Meinung nach auch einer der größten Wissenschaftler unserer Zeit. Seine Forschungen über das Wesen der Schwarzen Löcher haben mittlerweile sogar eine Art Kultstatus erreicht, wobei vieles davon auch schon Einzug in aktuelle Lehrbücher gehalten hat, was angesichts der verhältnismäßig kurzen Zeit die Wichtigkeit seiner Arbeit unterstreicht. Deshalb stand es für uns junge Physiker damals außer Frage, eine parallele Vorlesung zur statistischen Physik zu schwänzen und uns stattdessen lieber unter die Leute im Hörsaal der Neuen Universität zu mischen.

Gesagt, getan, doch als Penrose gewohnt lebhaft über die Geschichte und die Entwicklung des Weltalls referierte, meldete sich plötzlich einer der Kommilitonen zu Wort und fragte unverblümt, aus welchen Bestandteilen das Universum denn nun eigentlich bestünde. Penrose legte eine längere Pause ein, und für kurze Zeit hatte man sogar das dumpfe Gefühl, dass sich kleine Schweißperlen auf seiner Stirn bildeten. Man sah ihm an, dass ihn die Frage sichtlich beschäftigte. Dann entgegnete er, dass er nicht wirklich wisse, woraus die Welt bestünde, und er auch niemanden kenne, der diese Frage beantworten könnte.

Stille kehrte ein im Hörsaal, die Zuhörer schauten sich ungläubig an. War das wirklich sein Ernst? Und doch sprach Penrose lediglich die Wahrheit darüber aus, woran Generationen von Physikerinnen und Physikern seit Jahrzehnten verzweifeln: Der Frage, was die Welt im Innersten zusammenhält. Darüber konnte sich selbst der berühmte deutsche Dichter Johann Wolfgang von Goethe in seiner legendären Tragödie Faust schon vortrefflich wundern.

Woraus besteht Materie?

Wie lässt sich überhaupt herausfinden, woraus ein ganzes Universum wie das unsere eigentlich besteht? Warum gibt es uns Menschen überhaupt und nicht nichts? Theoretisch hätte das Universum ja auch einfach ohne Inhalt entstehen können. Allerdings wäre es dann in der Tat ziemlich langweilig, denn ohne Materie gäbe es erst recht keine Planeten, ohne Planeten keine Fernseher, und ohne Fernseher wären Serien mit Sheldon Cooper und Leonard Hofstadter vollkommen undenkbar. Und wer will schon am Sonntagabend auf The Big Bang Theory verzichten? Zugegeben, diese Fragen klingen sehr philosophisch, beschreiben aber sehr treffend den Kern des Problems, an dem so viele Physiker seit Jahrzehnten arbeiten.

Woraus besteht also das Universum? In der Astronomie gibt es dafür einen sehr hochtrabenden, wenn auch nicht ganz korrekten Begriff. Man spricht von der sogenannten *baryonischen Materie*. Baryonische Materie kann man anfassen, sehen, fühlen, riechen, schmecken. Alles um uns herum – Planeten, Sterne, Galaxien, Kometen, Plüschtiere, Unterhosen und Zahnbürsten – gehört in diese Kategorie. Es ist die stinknormale Materie, zu der auch Teilchen wie die Protonen und Neutronen gehören, die aus noch kleineren Teilchen, den sogenannten Quarks, bestehen.

Baryonische Materie

Für Astronomen gibt es im Grunde nur zwei Sorten von Materie: baryonische und dunkle Materie. Allerdings ist die Verwendung der Begriffe nicht ganz korrekt, denn laut der Teilchenphysik bestehen Baryonen eigentlich aus drei Quarks. Für viele Physiker jedoch zählen mitunter auch andere Teilchen zu dieser Kategorie (z. B. Elektronen, die aus gar keinen Quarks bestehen). Wenn also von der baryonischen Materie die Rede ist, ist meistens die gesamte beobachtbare Materie gemeint.

Im Übrigen gibt es nicht nur ein einziges Quark (das gesprochen wird wie „Quork"), sondern sechs verschiedene, die die sperrigen Namen Up, Down, Bottom, Top, Strange und Charm tragen – alle Engländer. Sie sind das Vanille-, Schokoladen-, Erdbeer-, Himbeer-, Stracciatella- und Karamelleis dieser Welt und unterscheiden sich unter anderem hinsichtlich ihrer Masse und Ladung. Das Proton, beispielsweise, besteht aus zwei Up-Quarks und einem Down-Quark, während das Neutron aus zwei Down-Quarks und einem Up-Quark zusammengesetzt ist. Die Elektronen selbst bestehen dagegen nicht aus Quarks, weil sie selbst Elementarteilchen und somit dem Namen nach elementar, das heißt, unteilbar sind. Simple Physik wie aus dem Baukasten – so machen auch die Lego-Steine der Kinder wieder Spaß.

> Wenn Teilchen auf die Erdatmosphäre treffen, können sie einen weiteren Teilchenschauer auslösen, der fast bis zum Erdboden reicht: die Höhenstrahlung.

Unser Universum besteht demnach aus kleinsten Teilchen wie den Quarks, die die Protonen und Neutronen bilden und aus denen sämtliche Atomkerne bestehen. Der Kern eines einzelnen Sauerstoffatoms, beispielsweise, besteht aus acht Protonen und acht Neutronen – und somit aus sehr vielen Quarks. Daneben gibt es noch eine weitere Familie von kleinsten Teilchen, die man Leptonen – leichte Teilchen – nennt und zu denen das Elektron gehört. Oder etwa das Myon, das dem Elektron in vielen seiner Eigenschaften ähnelt und das vor allem in der Höhenstrahlung auf der Erde vorkommt.

Diese Quarks und die Leptonen bilden zusammen eine ganz eigene Teilchenkategorie, die den Namen Fermionen trägt (benannt nach dem italienischen Physiker Enrico Fermi). Salopp gesprochen besteht also die gesamte beobachtbare Materie aus den Fermionen. Dazu kommen noch die Bosonen (benannt nach dem indischen Physiker Satyendranath Bose), jene Teilchen, die die Kräfte im Universum vermitteln. Sie stellen eine Art Botenteilchen dar, die zwischen zwei Teilchen ausgetauscht werden und somit eine gewisse Kraftwirkung hervorrufen.

Ein wichtiges Boson ist dabei das Photon, das die elektromagnetische Kraft vermittelt. Diese ist dafür verantwortlich, dass sich zwei gleiche Ladungen gegenseitig abstoßen oder die Elektronen in einem Atom an die Protonen im Kern gebunden werden. Oder wenn die Haare manchmal in alle Richtungen abstehen, wenn Sie eine Wollmütze im Winter tragen, die mutmaßlich verantwortlich für manche Bad-Hair-Tage ist.

Auch die anderen drei Grundkräfte der Natur – die Schwerkraft sowie die starke und schwache Kernkraft – haben natürlich eigene Austauschteilchen. Die Bosonen der schwachen Kernkraft sind das neutrale Z- und das positiv oder negativ geladene W-Boson, doch fragen Sie mich bitte nicht, wer sich diese Namen ausgedacht hat. Die starke Kernkraft hat sogar acht verschiedene Bosonen, die man Gluonen nennt. Das Botenteilchen der Gravitationskraft wiederum, das Graviton, wurde bis heute noch nicht entdeckt und bleibt ein hypothetisches Teilchen.

Im Grunde lassen sich sämtliche Teilchen auf diese Weise in die zwei genannten Kategorien einteilen: Fermionen und Bosonen. Sie unterscheiden sich vor allem in Bezug auf eine Eigenschaft, die man den *Spin* nennt. Der Spin ist eine wichtige Größe in der Quantenmechanik und beschreibt so etwas wie den Eigendrehimpuls der Teilchen. Ähnlich wie der Drehimpuls einer Eiskunstläuferin, die auf dem Eis ihre Pirouetten dreht, kann man auch den Elementarteilchen gewisse Spin-Werte zuweisen. Diese können dabei halbzahlig (z. B. 1/2, 3/2) oder ganzzahlig (z. B. 0, 1 oder 2) sein. Das Photon besitzt zum Beispiel den Spin 1, während das Elektron einen Spin von 1/2 aufweist. Bosonen haben demnach einen ganzzahligen und Fermionen halbzahligen Spin.

Zugegeben, bei dem ganzen Teilchen-Gewusel kann einem schon ganz schwindelig werden, und es wird klar, dass das Universum je-

Der Teilchenzoo im Überblick.

denfalls nicht gerade einfach gestrickt ist. Die beobachtbare Materie des Universums besteht also aus Fermionen (halbzahliger Spin), während die Bosonen (ganzzahliger Spin) die Kräfte der Natur vermitteln.

Erfolgreich, aber hässlich

Das soeben vorgestellte „Standardmodell der Teilchenphysik" ist eigentlich eine große Erfolgsgeschichte der Menschheit, denn mit ihm können wir verstehen, woraus das Universum auf subatomarer Ebene besteht. Darüber hinaus wurde es in unzähligen Experimenten überprüft, hat jedoch auch einige eklatante Schwächen. Zum Beispiel beantwortet es nicht die Frage, warum das Proton genau eine Masse von $1{,}67262192369 * 10^{-27}$ Kilogramm besitzt oder warum die Gravitation die mit großem Abstand schwächste Kraft im Universum ist und trotzdem seine gesamte Entwicklung bestimmt. Auch über die einzelnen Werte der Naturkonstanten schweigt das Standardmodell eisern. Woher stammen diese? Und wie wurden sie festgelegt? Leider erhalten wir dazu aktuell keine zufriedenstellende Auskunft.

Hinzu kommt, dass es mindestens 18 freie Parameter gibt, die man zunächst experimentell bestimmen muss, bevor man in der Lage ist, vernünftige Vorhersagen über unsere Welt zu treffen. Darunter fallen zum Beispiel die Massen der Quarks oder die des Higgs-Teilchens. Kann man all diese Parameter gar aus einer umfassenden Teilchentheorie ableiten? Und wenn ja, wie könnte solch eine Theorie aussehen?

Leider kann man nicht ernsthaft behaupten, unsere derzeitige Version des Teilchenmodells sei auf irgendeine Art und Weise elegant oder schön. Das führt wiederum zu der Frage, wann ein Modell oder eine Gleichung eigentlich schön (oder hässlich) ist. In den meisten Fällen wird Schönheit in der Physik mit dem Begriff der Symmetrie gleichgesetzt. Eine Gleichung ist für manch einen Physiker genau dann schön, wenn sie gewisse symmetrische Eigenschaften

Ein Zauberhut ist ein einfaches Beispiel für Rotationssymmetrie, genau wie eine Kugel.

besitzt, zum Beispiel, wenn sie sich bei bestimmten Verschiebungen der Koordinaten nicht verändert. Man sagt dann, die Gleichung sei invariant gegenüber solchen Veränderungen.

Betrachten wir dazu als Beispiel den Zylinder eines Magiers. Wenn man den Zylinder um seine z-Achse dreht, sieht er noch genauso aus wie vorher, denn durch die reine Drehung ändern sich die Gleichungen, die den Zylinder beschreiben, nicht. Man sagt, die Gleichungen seien invariant gegenüber der Rotation des Zylinders um die z-Achse. Ähnlich verhält es sich zum Beispiel mit der Drehung einer Kugel um eine beliebige Achse im Raum oder der einfachen Spiegelung eines sibirischen Tigers entlang seiner Symmetrieachse. Alle diese Objekte besitzen eine eindeutige Symmetrie, die in gewisser Weise als ein Ausdruck von Schönheit gedeutet werden kann.

Kehren wir zurück zum Dilemma des Teilchenmodells. Es ist zuvor bereits angeklungen, dass es eine Unmenge exotischer Teilchen gibt, die erahnen lassen, welche große Komplexität das Universum haben muss. Teilchen wie Elektronen kennt im Grunde jeder, der in seiner Schulzeit halbwegs aufmerksam den Physikunterricht verfolgt hat. Darüber hinaus bevölkern jedoch noch ganz andere Teilchen das Universum, die medial zwar nie in Erscheinung treten, aber dennoch sehr relevant für den Aufbau des Kosmos sind. Darunter fallen zum Beispiel die Myonen und Tauonen, drei Neutrino-Familien, sechs unterschiedliche Quarks und das Higgs-Teilchen, und es ist wahrscheinlich, dass wir noch nicht mal alle entdeckt haben.

Das Standardmodell ist ein großes Erfolgsmodell, weil es außerordentlich gut funktioniert, nicht mehr und nicht weniger. Einen Schönheitspreis wird es in absehbarer Zeit wohl eher nicht gewinnen, denn von einer tieferen Symmetrie fehlt weit und breit jede Spur. Deshalb deutet einiges darauf hin, dass es noch nicht die letzte Antwort auf die Frage nach der Zusammensetzung des Universums sein kann.

Doch sollte das Grundbedürfnis nach wie auch immer gearteter Schönheit und Symmetrie unser Denken in der Wissenschaft derart vereinnahmen? Oder befinden wir uns hier auf einem Irrweg, der uns notwendigerweise in eine Sackgasse führt? Die Physikerin Sabine Hossenfelder ist skeptisch bei der Frage nach wissenschaftlichen Schönheitsidealen. In ihrem Buch „Das hässliche Universum" rechnet sie mit dem Schönheitswahn in der Physik ab: „Durch das Festhalten am Primat der Schönheit gibt es seit mehr als vier Jahrzehnten keinen Durchbruch in der Grundlagenphysik. Schlimmer noch, der Glaube an Schönheit ist so dogmatisch geworden, dass er nun in Konflikt mit wissenschaftlicher Objektivität gerät: Beobachtungen können nicht mehr länger die kühnsten Theorien wie z.B. Supersymmetrie bestätigen. Um aus dieser Sackgasse herauszukommen, muss die Physik ihre Methoden überdenken. Nur wenn Realität als das akzeptiert wird, was sie ist, kann Wissenschaft die Wahrheit erkennen." [1]

Möglicherweise leben wir also tatsächlich in einem hässlichen Universum, das die verrücktesten und seltsamsten Teilchen hervorgebracht hat. Dennoch sind sich die meisten Physikerinnen und Physiker einig, dass das letzte Wort bei der Erforschung der Teilchen noch lange nicht gesprochen ist. Weitere Probleme zeichnen sich bereits ab.

Die dunkle Seite des Universums

Es sind sehr verwunderliche Beobachtungen, über die die US-amerikanische Astronomin Vera Rubin (1928–2016) in den 70er Jahren berichtete. [2] Rubin arbeitete in Washington, D.C. an einer privaten Forschungseinrichtung – die Princeton University hatte ihr als Frau damals noch den Zugang zur Universität verweigert –, wo sie die Außenbereiche verschiedener Galaxien untersuchte. Als sie dabei die Umlaufgeschwindigkeiten der einzelnen Sterne analysierte, machte sie eine mehr als bizarre Entdeckung: Wenn wir den etablierten

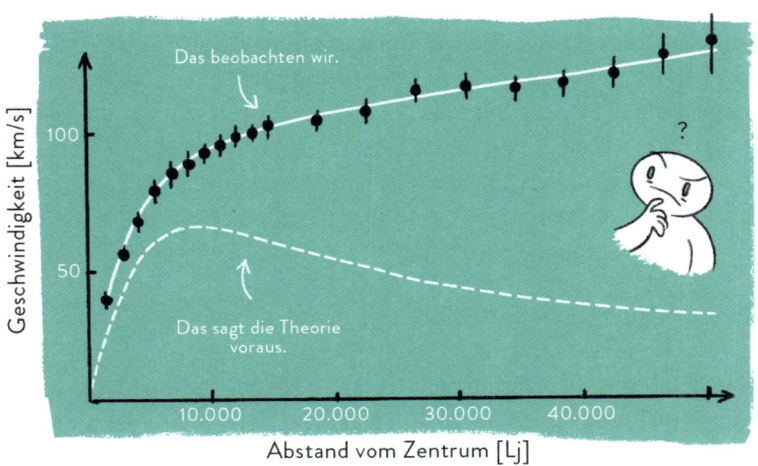

Misst man die Rotationsgeschwindigkeit an einer bestimmten Stelle einer Galaxie, so ergibt sich ein erheblicher Unterschied zwischen Theorie und Beobachtung.

Gesetzen der klassischen Mechanik von Isaac Newton Glauben schenken – wozu es gute Gründe gibt –, sollten die Geschwindigkeiten der Sterne um das galaktische Zentrum von innen nach außen hin eigentlich abnehmen. Doch stattdessen fand Rubin im Rahmen ihrer Beobachtungen heraus, dass die Umlaufgeschwindigkeiten mehr oder weniger konstant blieben, was nur durch eine unsichtbare Masse in den äußeren Regionen der Galaxie erklärt werden kann. Eine mysteriöse Masse, die man nicht sieht, die durch ihre Gravitationskraft aber großen Einfluss auf die Sterne hat.

Eine ähnliche Beobachtung hatte der Physiker Fritz Zwicky (1898–1974) bereits 40 Jahre zuvor angestellt, als er die Geschwindigkeiten von Galaxien in deren Haufen bestimmte. [3] Schon 1933 prägte er so den Begriff der *dunklen Materie*, der ähnlich wie der Begriff der dunklen Energie suggeriert, dass wir ausnahmslos im Dunkeln tappen. Die Grafik auf S. 91 veranschaulicht das Problem anhand der Rotationskurven von Galaxien, die aufzeigen, wie unterschiedlich schnell sich die einzelnen Bereiche der Galaxien abhängig von ihrem Radius drehen. Noch ahnte niemand, welche weitreichenden Konsequenzen Rubins Entdeckung haben sollte und wie sie unser Verständnis vom Aufbau des Universums für immer verändern würde. Rubin bemerkte dazu selbst: „Wir betreten eine neue Welt und stellen fest, dass diese weitaus mysteriöser und komplizierter ist, als wir sie uns je vorgestellt haben. Noch liegen viele Geheimnisse des Universums verborgen. Deren Entdeckung erwartet die Physiker in der Zukunft." [4]

Die Messungen von Rubin waren der eindeutige Beweis für die Existenz dunkler Materie. Bis heute steht die Wissenschaft vor einem großen Rätsel. Worum handelt es sich bei ihr? Trotz jahrzehntelanger Suche ist es uns noch nicht gelungen, dem Wesen der dunklen Materie auf den Grund zu gehen. Möglicherweise haben wir es mit einer vollkommen neuen Materieart zu tun, die ausschließlich gravitativ mit der uns bekannten baryonischen Materie wechselwirkt und sich sonst sehr gut vor uns versteckt. Die dunkle Materie beeinflusst zwar die Rotationskurven, scheint allerdings nicht wie die normale Materie zu leuchten, weshalb wir sie nicht direkt sehen können. Letztlich bietet auch die Existenz der dunklen Materie ein weiteres Argument dafür, dass das Standardmodell der Teilchenphysik noch nicht vollständig sein kann, da es keinerlei Vorhersagen über diese wunderliche Materieform trifft.

Woraus besteht das All denn nun?

Aktuelle Untersuchungen bestätigen eindrucksvoll, dass das Universum aus unterschiedlichen Bestandteilen zusammengesetzt ist. Schauen Sie in einer sternenklaren Nacht in den Himmel, dann sehen Sie dort Sterne wie Sirius oder Beteigeuze funkeln, Planeten

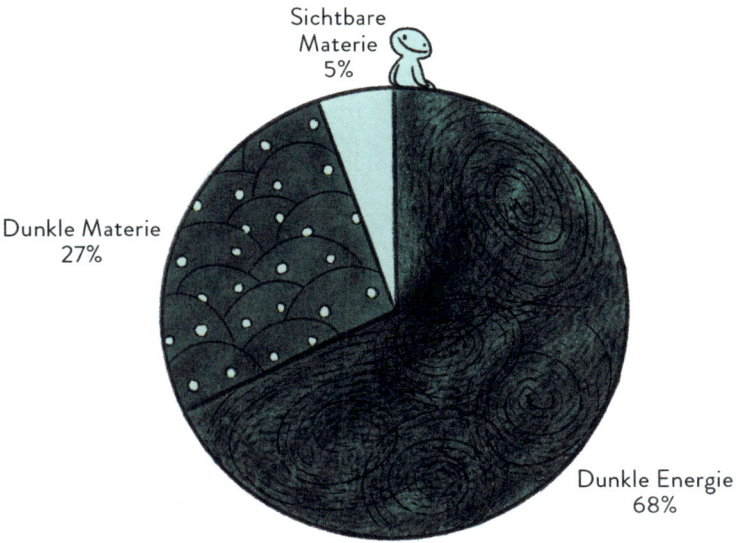

Die Grafik zeigt die Zusammensetzung des Universums. Gerade mal fünf Prozent davon sind sichtbar.

wie den Jupiter oder den Saturn, und, wenn Sie Glück haben, auch das diffuse Band der Milchstraße. Eine beachtenswerte Schönheit am Nachthimmel, die jedoch lediglich fünf Prozent des kompletten Inhalts dessen ausmacht, was wir insgesamt als Universum bezeichnen. Den großen Rest nennen wir dunkles Universum, wovon rund 25 Prozent dunkle Materie und etwa 70 Prozent dunkle Energie sind. Mit anderen Worten: Die Menschheit betreibt seit Jahrhunderten intensive Grundlagenforschung, und dabei haben wir gerade mal fünf Prozent des Ganzen verstanden. Bei „Jugend forscht" gäbe es dafür noch nicht mal einen Trostpreis.

Doch Enttäuschung kann keine geeignete Kategorie in der Forschung sein, schon gar nicht, wenn man die Ambition hegt, das Wesen des Kosmos in all seinen Einzelheiten zu verstehen. Deshalb müssen wir das Rätsel um die dunkle Materie und die dunkle Energie schleunigst lösen, wenn wir ein umfassendes Verständnis von unserer Welt erhalten wollen. Kluge Vorschläge können jederzeit beim Nobelpreiskomitee eingereicht werden – mit guten Chancen, bei der nächsten Preisverleihung im Stockholmer Konzerthaus einen attraktiven Platz in der ersten Reihe zu ergattern.

Das Spiegelbild der Materie

Wie bereits erwähnt, fußt das Standardmodell der Teilchenphysik auf den uns bekannten Gesetzen der Quantenmechanik, die hauptsächlich in den ersten Jahrzehnten des 20. Jahrhunderts entwickelt wurde. Eine ihrer wichtigsten Grundgleichungen ist dabei die Schrödinger-Gleichung, die im Jahre 1926 von dem Quantenphysiker Erwin Schrödinger aufgestellt wurde. Die Schrödinger-Gleichung ist im Kern eine Wellengleichung, mit der man die zeitliche Entwicklung des Zustands von einzelnen Elementarteilchen beschreiben kann. Nun besitzt diese so oft gepriesene Gleichung der Quantenphysik jedoch einen entscheidenden Nachteil, denn sie erfüllt nicht die strengen Anforderungen der speziellen Relativitätstheorie von

Einstein, gemäß der sich nichts schneller als mit Lichtgeschwindigkeit fortbewegen darf. Das gilt im Übrigen nicht nur für überschnelle Raketen oder irgendwelche hypothetischen Alien-Raumschiffe, sondern insbesondere auch für alle Elementarteilchen.

Dieses Problem wollte der talentierte Physiker Paul Dirac (1902–1984) mit seiner neuen Dirac-Gleichung lösen, die eine Art Weiterentwicklung der Schrödinger-Theorie darstellt und nur zwei Jahre später publiziert wurde. Das Besondere an seiner Theorie ist die Tatsache, dass sie nicht nur Teilchen wie Elektronen beschreibt. Stattdessen besitzt sie Lösungen mit positiver und negativer Energie, was einem zunächst merkwürdig vorkommen mag. Doch was sollen diese ominösen Teilchen mit negativer Energie nur sein? Zur damaligen Zeit erschien dieses Konzept den meisten Physikern noch vollkommen sinnlos, und auch heute sind noch viele Fragen offen. Lassen Sie uns kurz einen Blick auf diese neuen Teilchen werfen, die man auch *Antiteilchen* nennt.

Auch Dirac kamen die neuen Teilchen zu Beginn höchst merkwürdig vor. Ihre wahre Bedeutung erlangten sie erst, als Dirac kurzerhand das Vakuum als einen unendlichen „See" – bitte auf keinen Fall wörtlich nehmen – von negativ besetzten Energiezuständen interpretierte, den wir heute „Dirac-See" nennen (ob Dirac dabei wirklich einen eigenen See besessen hat, der ihm als Inspiration

---

Nachweis von Teilchen

Früher wurden neue Teilchen vor allem in Nebelkammern nachgewiesen, so zum Beispiel auch das Positron. Dabei wird ein Glaskolben mit einem Luft-Alkohol-Gemisch gefüllt. Wenn nun ein geladenes Teilchen das Gemisch durchquert, erzeugt es auf seinem Weg durch Ionisation viele Kondensationskeime, die einen sichtbaren Kondensationsstreifen entstehen lassen, ähnlich wie die Streifen, die Flugzeuge am Himmel oft hinter sich herziehen.

diente, ist indes nicht überliefert). Sobald ein Elektron aus dem See herausgeschlagen wird, entsteht an jener Stelle eine Art „Loch", weshalb Dirac vermutete, dass das Fehlen eines Elektrons mit negativer Energie ein vorhandenes Elektron mit positiver Energie zur Folge hat. Auf diese Weise konnte er eine komplett neue Materieart postulieren, die wir heute *Antimaterie* nennen.

Schließlich gelang dem Physiker Carl David Anderson im Jahr 1932 der experimentelle Durchbruch, als das erste Positron, das Antiteilchen des Elektrons, in einer Nebelkammer nachgewiesen wurde. Es weist im Vergleich zum Elektron verdammt ähnliche Eigenschaften auf, mit dem wichtigen Unterschied, dass es anstatt einer negativen eine positive Ladung trägt.

Dirac muss es bei der Entdeckung Andersons damals wie Schuppen von den Augen gefallen sein, denn die bis dahin rätselhaften Lösungen seiner Gleichung sagten tatsächlich eine neue Materieform vorher. Es erstaunt mich selbst immer wieder, wie die Menschheit allein durch die Kraft mathematischer Gesetze zu solch grundlegenden Schlussfolgerungen über die Natur gelangen kann. Wir leben also offenbar in einem durchaus mathematischen Kosmos, der – wie es der US-amerikanische Kosmologe Max Tegmark treffend in seinem Buch „Unser mathematisches Universum" beschreibt – nicht nur in erster Linie durch mathematische Formeln wie Einsteins Relativitätstheorie beschrieben werden kann, sondern der möglicherweise sogar die Mathematik selbst definiert.

> Wenn sich ein Teilchen und ein Antiteilchen beim Zusammentreffen vernichten, spricht man auch von Annihilation.

Dennoch geht von der Antimaterie eine wirklich große Gefahr aus, denn wenn Materie auf ihren Gegenspieler trifft, verwandeln sich alle Teilchen umgehend in hochenergetische Strahlung. Sollten Sie in der Zukunft also einmal ihrem Anti-Ich begegnen und ihm zum Geburtstag die Hand schütteln wollen, überprüfen Sie vorher bitte die Konditionen Ihrer Krankenversicherung; derzeit sind körperliche Schäden durch Antimaterie nicht abgedeckt.

Möglicherweise kennen Sie sogar den berühmten US-Thriller Illuminati des Bestsellerautors Dan Brown. Darin geht es um einen mysteriösen Geheimorden, dem es gelungen ist, größere Mengen Antimaterie aus dem Teilchenbeschleuniger LHC zu entwenden, womit sie den Vatikan aus Rache in die Luft jagen wollen. Ob dieses kriminelle Unterfangen gelingt, dürfen Sie selbst herausfinden, wir wollen an dieser Stelle nicht weiter spoilern.

Die Entdeckung der Antimaterieteilchen ist ein wichtiger Meilenstein in der Geschichte der Physik gewesen. Lange sahen wir wie Alice im Wunderland den Wald vor lauter Bäumen nicht mehr, wodurch uns eine aufregende Spiegelwelt verborgen blieb.

Ein glücklicher Umstand

Der weltberühmte englische Schriftsteller William Shakespeare schrieb in seiner Tragödie „Hamlet, Prinz von Dänemark" (3. Aufzug, 1. Szene) einst den gefeierten Satz: „Sein oder nicht sein, das ist hier die Frage." Nun sind die grundlegenden Fragen der Welt oft die, die sich mit dem Leben und Tod auseinandersetzen, mit dem Sein oder Nichtsein. Möglicherweise kann also sogar die moderne Kosmologie von jenem weltberühmten Monolog etwas über uns und unser Universum lernen. Erlauben wir uns diesen kleinen Ausflug in die Welt der Philosophie.

Dazu sollten wir zunächst über eine enorm wichtige Kennzahl in der Kosmologie sprechen, die als das Verhältnis der Photonen (Lichtteilchen) zu den Baryonen (Materieteilchen) im All bezeichnet wird. Physiker haben diese Zahl vor langer Zeit gemessen und kommen auf einen Wert von ca. einer Milliarde zu eins. Doch was sagt uns das über das Wesen des Universums?

Erinnern wir uns kurz an die kosmische Hintergrundstrahlung, die ein Relikt des Urknalls ist und uns noch heute vor Augen führt, dass das Universum einen Anfang, eine Stunde Null, gehabt haben muss. Wenn wir nun annehmen, dass mit dem Urknall exakt so viel Materie wie Antimaterie erzeugt worden wäre, stünden wir vor einem enormen Problem, denn dann gäbe es weder dieses Buch noch den Leser, der es gerade in den Händen hält. Wenn jedes Teilchen im Lauf seiner Geschichte auf sein jeweiliges Antiteilchen gestoßen wäre, hätte dies zu einer vollständigen Vernichtung der Materie geführt. Soweit die Theorie. Doch scheinbar hat es im frühen Universum eine winzige Asymmetrie zwischen der uns bekannten baryonischen und der antibaryonischen Materie gegeben. Irgendwas war mächtig schief.

Die Größe dieser Asymmetrie charakterisiert das Anzahlverhältnis zwischen den Photonen und den Baryonen. Demnach entfallen auf jedes Baryon ca. eine Milliarde Photonen, die ein Überbleibsel aus den Reaktionen im frühen Universum sind, als Teilchen und Antiteilchen sich gegenseitig ausgelöscht haben – zumindest teilweise. Was aus dem Chaos der Teilchenvernichtungen übrig geblieben ist, sind lediglich ein paar Baryonen, aus denen heute sämtliche Galaxien, Sterne und Planeten bestehen. Möglicherweise hätten sogar noch weitaus mehr Galaxien das Licht der Welt erblicken können, wenn sich das Gleichgewicht von Materie und Antimaterie weiter in Richtung der baryonischen Materie verschoben hätte, aber das ist reine Spekulation. Andersherum könnte man auch argumentieren, dass das Wunder des Lebens niemals in Gang gekommen wäre, weil sich alle Teilchen sofort wieder in pure Energie verwandelt hätten, hätte es die besagte Asymmetrie zugunsten der baryonischen Materie im frühen Universum gar nicht gegeben. Das Weltall wäre in diesem Fall nur ein doofes und tristes Strahlungsuniversum geworden, ein Zombie-Universum, das keinen Platz besäße für wundersame Geschöpfe wie Ihre flauschige Perserkatze Sherkan oder den aufgedrehten Wellensittich Balou. Die Wissenschaft arbeitet derzeit mit Hochdruck daran, herauszufinden, was die Baryonen zugunsten der Antibaryonen favorisiert hat.

Hinweise aus der Sowjetunion

Warum sind nicht genau so viele Baryonen wie Antibaryonen nach dem Urknall entstanden? Dieser schwierigen Frage ging der sowjetische Physiker Andrei Sacharow (1921–1989) im Jahr 1967 nach. Sacharow war seinerzeit ein sehr eifriger Entwickler der russischen Wasserstoffbombe gewesen, die den Kalten Krieg zugunsten der UdSSR frühzeitig hätte entscheiden sollen. Jedoch setzte ein Umdenken bei ihm ein, als er begriff, dass die sowjetische Regierung unter Leonid Breschnew die neuen wissenschaftlichen Erkenntnisse nicht nur zu Forschungszwecken verwenden wollte. Schließlich desertierte er und setzte sich fortan für die Wahrung der Menschenrechte in der UdSSR ein, was ihm nicht nur Freunde in der damaligen Sowjet-Administration bescherte. 1975 wurde ihm für sein Engagement der Friedensnobelpreis verliehen.

Doch nicht nur sein Einsatz für den Frieden machte Sacharow zu einer weltweit geachteten Persönlichkeit. Dank seiner Forschung auf dem Gebiet der Kosmologie haben wir heute eine ungefähre Vorstellung davon, was im frühen Universum geschehen sein muss, damit wir einen Überschuss an baryonischer gegenüber antibaryonischer Materie beobachten können. Zu seinen Ehren spricht man auch von den *Sacharow-Bedingungen*.

Die Sacharow-Bedingungen vermitteln uns eine Idee davon, wie die Baryonenasymmetrie zustande gekommen sein könnte. Allerdings sind es lediglich rudimentäre mathematische Bedingungen, die eine Dominanz von Materie gegenüber der Antimaterie hervorrufen können. Insofern liefern sie uns allenfalls sachdienliche Hinweise, aber noch lange keine stichhaltigen Beweise. Beispielsweise sagt Sacharow, dass eine Baryonenasymmetrie nur dann zustande kommen kann, wenn sich die Gleichungen nicht ändern, falls man Teilchen durch ihre Antiteilchen ersetzt und gleichzeitig alle Raumkoordinaten spiegelt. Da wären wir dann wieder bei dem uns bekannten Argument der Symmetrie unserer physikalischen Gleichungen.

Letztlich bleibt das Problem der Baryonenasymmetrie im frühen Universum noch ungelöst – und damit auch die Frage, welche physikalischen Prozesse dafür gesorgt haben, dass wir in einem Universum wie diesem Fuß fassen konnten. Leider hält auch das Standardmodell keine Antworten bereit. Was Shakespeare dazu wohl gesagt hätte?

Auf dem Weg zu einer neuen Physik?

Dennoch besteht begründeter Anlass zur Hoffnung, dass zukünftige Generationen von Teilchenbeschleunigern uns neue Einblicke in das Wesen der Natur gewähren können. So vermeldeten Physiker am LHC erst kürzlich aufregende Neuigkeiten in Bezug auf eine hypothetische fünfte Naturkraft [5], die möglicherweise ein Hinweis auf eine neue Physik jenseits des uns bekannten Standardmodells sein könnte.

Daneben kristallisiert sich auch in der Kosmologie dieser Tage eine durchaus aufregende Entdeckung mit großer Sprengkraft heraus, die die Diskussion um das Wesen der Natur so richtig befeuert. Im Kern geht es dabei um die Messung der sogenannten Hubble-Konstanten. Die Hubble-Konstante ist im Grunde ein Maß dafür, wie schnell sich das Universum heutzutage ausdehnt, und wenn man sie in die Friedmann-Gleichungen einsetzt, lässt sich mit ihr unter anderem das Alter des Universums zu 13,8 Milliarden Jahren abschätzen.

In der Vergangenheit wurde die Hubble-Konstante dabei vor allem durch die Beobachtung weit entfernter Supernovae bestimmt, gigantischer Explosionen, die sich am Lebensende eines Sterns ereignen können. Diese Supernovae sind so hell, dass man sie selbst außerhalb unserer Galaxie noch beobachten kann. Auf Basis von mittelalterlichen Aufzeichnungen der chinesischen Song-Dynastie wissen wir beispielsweise, dass sich im Jahr 1054 im Sternbild Stier eine solche Supernova ereignet haben muss, deren Überreste wir als

Eine Supernova wie diese links unten im Bild der Galaxie NGC 4526 ist so hell, dass man sie selbst in großer Entfernung noch beobachten kann.

Krebsnebel bezeichnen und die wir noch heute mit unseren Teleskopen beobachten können.

Das Großartige an den Supernovae ist nun, dass sie praktisch überall im Universum gleich ablaufen, woraus sich die absolute Helligkeit der Sternexplosion relativ gut abschätzen lässt. Astronomen sprechen deshalb von den *Standardkerzen*, mit deren Hilfe man letztendlich die Hubble-Konstante und somit die Expansionsrate des Universums bestimmen kann. Man findet auf diese Weise einen Wert von ca. 73 Kilometern pro Sekunde pro Megaparsec, mit einem überschaubaren Fehler von einem Prozent.

Darüber hinaus lässt sich der Wert der Hubble-Konstante auch aus der kosmischen Hintergrundstrahlung ableiten. Mithilfe dieser Methode erhält man allerdings einen signifikant unterschiedlichen Wert von ca. 67 Kilometern pro Sekunde pro Megaparsec, mit einem ähnlichen Fehler.

Vergleicht man diese beiden Werte miteinander, stellt man fest, dass sie sich um ca. neun Prozent voneinander unterscheiden, was Kosmologen derzeit vor ein großes Rätsel stellt. Woher bloß stammt dieser signifikante Unterschied? In Fachkreisen ist mittlerweile sogar von einer „Hubble-Spannung" (*Hubble Tension*) die Rede, die die Community geradezu elektrisiert. [6] Stehen wir kurz vor der Entdeckung neuer Physik? Die Hinweise verdichten sich, dass wir schon bald neue Durchbrüche erwarten können.

Sollte sich dies bewahrheiten, stünden wir vor einer großartigen Entdeckung unserer Zeit, die das Zeug hat, unser Verständnis vom Universum erneut radikal umzukrempeln. Und wer weiß, vielleicht kommen wir dann sogar einem vereinheitlichten Teilchenmodell ein kleines Stückchen näher.

Das Kapitel in Kürze:

- Das Standardmodell der Teilchenphysik beschreibt, wie sich die beobachtbare Materie des Universums zusammensetzt. Es existieren zwei Typen subatomarer Teilchen: die Fermionen (die die Materie bilden) sowie die Bosonen (die die Kräfte vermitteln).
- Des Weiteren gibt es Indizien dafür, dass das Standardmodell der Teilchenphysik bislang unvollständig ist. Astronomische Messungen weisen z. B. auf eine bislang unbekannte Form von Materie hin, die wir dunkle Materie nennen. Diese Materie wird nicht durch das Standardmodell beschrieben.
- Aktuellen Erkenntnissen zufolge besteht unser Universum zu 5 % aus baryonischer und zu 25 % aus dunkler Materie sowie zu 70 % aus dunkler Energie. Wir haben bislang offenbar nur einen geringen Anteil wirklich verstanden. Astronomen sprechen deshalb auch vom sogenannten dunklen Universum.
- Unsere Existenz verdanken wir offenbar einem glücklichen Umstand: der Tatsache, dass kurz nach dem Urknall nicht exakt gleich viel Materie wie Antimaterie entstanden ist. Wäre dies der Fall gewesen, hätten sich sämtliche Teilchen und Antiteilchen gegenseitig vernichtet. Es scheint eine leichte Asymmetrie zugunsten der baryonischen Materie im frühen Universum gegeben zu haben.
- Die Sacharow-Bedingungen liefern einen Erklärungsversuch für die Asymmetrie kurz nach dem Urknall. Warum es zu dem beobachteten Ungleichgewicht gekommen ist, ist noch immer Gegenstand aktueller Forschung.
- Aktuelle Messungen am LHC deuten sogar auf eine fünfte Naturkraft hin, während neueste Messungen der Hubble-Konstanten zeigen, dass unser Verständnis vom Universum noch nicht vollständig sein kann. Die nächsten Jahre könnten neue Durchbrüche erwarten lassen.

Geometrie mal anders

Welche Form besitzt das Universum eigentlich? Gleicht es vielleicht einem Fußball von der letzten WM, einem Würfel aus dem Spiel „Mensch ärgere dich nicht" oder vielleicht doch einem Zylinder des berühmten Zauberkünstlers Harry Houdini? Oder hat es eine gänzlich andere Form? Keine einfachen Fragen, die die Menschheit allerdings schon seit Jahrtausenden umtreiben. Mit modernen Satelliten versuchen wir heutzutage, Licht ins Dunkel der geometrischen Formen zu bringen. In welcher Welt leben wir und welche Auswirkungen hat die Geometrie auf das Schicksal des Universums?

ERLAUBEN SIE MIR, dass ich Ihnen kurz eine persönliche Anekdote erzähle. Als ich noch ein kleines Kind war, erklärten mir meine Eltern bei Ausflügen häufig, dass die Erde rund sei wie ein Fußball, doch irgendwie konnte ich das nicht so richtig glauben. Wir sind damals im Sommer regelmäßig in den Süden geflogen und haben während der Schulferien einige Wochen in Spanien oder Italien verbracht. Im Flieger saß ich dann meistens am Fenster, allerdings ging es auch über den Wolken immer nur schnurstracks geradeaus. Von einer wie auch immer gearteten Kugelform war jedenfalls weit und breit nichts zu sehen. Es wollte einfach nicht in meinen Kopf. Wie konnte etwas, das so flach erscheint wie die Erdoberfläche, doch letztendlich rund sein? Es sollte noch einige Jahre dauern, bis ich allmählich zu begreifen begann, dass es einen Unterschied zwischen der lokalen und der globalen Geometrie der Erde zu geben scheint, und dass die Erdoberfläche lokal betrachtet zwar flach wirken mag, sie global jedoch eine gewisse Krümmung besitzt.

Ähnlich wie mir muss es damals wohl auch den alten Griechen gegangen sein, die mit einfachsten Mitteln beweisen wollten, dass die Erde eine riesige Kugel ist und keine flache Scheibe sein kann, womit sie der restlichen zivilisierten Welt zu ihrer Zeit um Jahrhunderte voraus waren. Der Gelehrte Eratosthenes von Kyrene – ein vielseitig begabter Mann, der sich unter anderem mit Astronomie, Philosophie, Geografie und Mathematik befasste – war dabei einer der ersten Menschen, der mithilfe von simplen Schattenwürfen den Umfang der Erde abzuschätzen versuchte. Damit bewies er eindrucksvoll, dass die Erde tatsächlich kugelrund ist – und man keine Angst haben muss, über den Rand in die Unendlichkeit des Weltalls zu stürzen, wenn man versehentlich mal zu weit mit seinem Schiff aufs Meer hinaus segelt.

Später sollte der berühmte deutsche Mathematiker Carl Friedrich Gauß (1777–1855) im Rahmen seiner Tätigkeit als neuer Landvermesser wichtige Grundlagen zur Theorie der Differentialgeometrie legen, die sogar für Albert Einstein später große Bedeutung in

Das Vizeheliotrop war ein wichtiges Messgerät, mit dem man über größere Entfernungen hinweg Ländereien vermessen konnte.

der Formulierung seiner Relativitätstheorie haben würden. Gauß war unter anderem für das Königreich Hannover tätig, dessen Vermessung er von 1820 bis 1826 federführend leitete. In dieser Zeit entwickelte er das weltbekannte Heliotrop, das eine Art Sonnenspiegel darstellt, mit dem man weit entfernte Vermessungspunkte anpeilen kann (siehe Abb. oben). Es sollte ihm bei seiner Arbeit von großem Nutzen sein.

Vielleicht erinnern Sie sich ja noch an den alten 10-D-Mark-Schein von damals (oder auch nicht, weil Sie zu jung sind), der nicht nur das Porträt von Gauß auf der Vorderseite, sondern auch ein Heliotrop auf der Rückseite zeigt. Das Original wird heute in der Physikalischen Fakultät der Universität Göttingen aufbewahrt.

Viele seiner hoch angesehenen mathematischen Arbeiten wurden zeitgleich auch auf Dutzende Probleme der Himmelsmechanik angewandt. Doch Gauß kommentierte dies spöttisch: „Ob ich die Mathematik auf ein paar Dreckklumpen anwende, die wir Planeten nennen, oder auf rein arithmetische Probleme, es bleibt sich gleich, die letzteren haben nur noch einen höheren Reiz für mich." [1]

Mit seiner Meinung jedenfalls hielt er selten hinter dem Berg, was ihn nicht immer zu einem angenehmen Zeitgenossen machte und ihm hin und wieder auch ordentlich Ärger einhandelte.

Die Vermessung des Universums

Nun erscheint es aus heutiger Sicht beinahe trivial, das Königreich von Hannover oder gar die Erde zu vermessen, denn dafür gibt es schließlich moderne Hilfsmittel wie das GPS. Ein ungleich komplizierteres Unterfangen hingegen stellt die Vermessung des gesamten Universums dar, wobei ganze Heerscharen an Kosmologen ihre Karriere nur diesem Ziel verschrieben haben.

Glaubt man zumindest Einsteins allgemeiner Relativitätstheorie, so kann die Raumzeit des Universums eine fast beliebige Form annehmen – Mathematiker sprechen dabei auch von der *Topologie*. Die Topologie versteht sich als die Lehre geometrischer Formen, denn nach Einstein könnte das All beispielsweise gekrümmt wie ein Pferdesattel oder flach wie ein Blatt Papier sein.

Betrachten wir dazu ein Beispiel, wobei wir uns erneut den obigen Fall der lokal flachen Erde anschauen wollen. Wenn wir Menschen auf der Oberfläche einer sehr großen Kugel wie der Erde stehen, mag diese für Kinder wie mich damals lokal flach ausgesehen haben, weil wir allerhöchstens bis zum Horizont blicken können. Eine frühe menschliche Zivilisation könnte so zu dem naiven, aber zunächst berechtigten Schluss gelangen, unser Planet gleiche einer sehr flachen Scheibe. Mathematiker sprechen in diesem Fall von einer sogenannten euklidischen (flachen) Geometrie, benannt nach dem bekannten griechischen Mathematiker Euklid von Alexandria, der die Grundlagen der modernen Geometrie gelegt hat. Wenn wir jedoch mit einer Rakete zum Mond fliegen und die Erde aus der Ferne betrachten, dann erscheint sie uns plötzlich kugelrund wie ein blau-weißer Ballon. Doch wie um alles in der Welt steht es um die Geometrie des ganzen Universums? Möglicherweise besitzt das Universum die Topologie einer köstlichen Margherita – deren Raumzeit anschaulich gesprochen global flach ist – oder die eines gigantischen Donuts, dessen Raumzeit global gekrümmt ist. Die Frage ist nur: In welchem Universum leben wir wirklich?

Zur Beantwortung haben Astronomen in der Vergangenheit einige kluge Theorien entwickelt. Eine von ihnen basiert auf dem Prinzip der Triangulation, das auch von Gauß seinerzeit angewandt wurde. Stellen Sie sich ein gewöhnliches Dreieck vor. In der Schule haben wir im Mathematikunterricht gelernt, dass jedes Dreieck, egal ob rechtwinklig oder nicht, eine Innenwinkelsumme von genau 180 Grad aufweist. Das ist so weit korrekt, gilt jedoch nur für Dreiecke in einem flachen, euklidischen Raum – wozu im Übrigen auch das Papier dieses Buches gehört, wenn es flach auf Ihrem Schoß liegt. Sobald Sie jedoch ein Dreieck in einem etwas gekrümmten Raum malen, wird die Winkelsumme deutlich von 180 Grad abweichen. Zum Beispiel könnten Sie ein beliebiges Dreieck auf einem dieser alten verstaubten 3D-Globen zeichnen, der bei Ihnen noch auf dem Dachboden rumsteht. Wenn Sie nun die Metropolen Vancouver, Berlin und Kapstadt mit jeweils einer Linie verbinden – beispielsweise, weil Sie wie wir damals Ihre nächste Urlaubsreise planen wollen –, werden die Winkel des resultierenden Dreiecks etwas mehr als 180 Grad ergeben; Sie können das natürlich gerne mit einem Geodreieck messen. Mathematiker sprechen dabei von einer sphärischen Geometrie. Daneben sind auch noch sogenannte hyperbolische Geometrien denkbar, bei denen die Winkelsumme jedoch kleiner als 180 Grad ist.

Auf eine ähnliche Weise könnte man in einem flachen Raum versuchen, zwei parallele Geraden zu zeichnen, die sich im Endlichen schneiden – das wird Ihnen jedoch nicht gelingen (es sei denn,

Geometrie mal anders

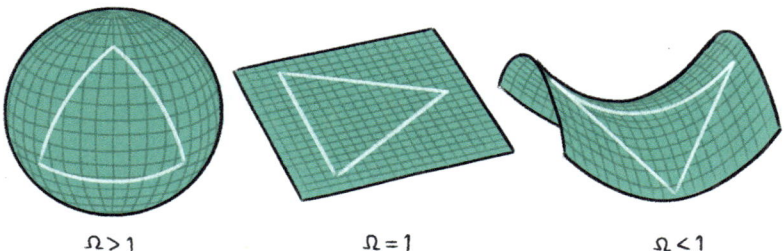

$\Omega > 1$ $\Omega = 1$ $\Omega < 1$

Veranschaulichung der drei möglichen Geometrien für unterschiedliche Krümmungen sowie die Geometrie der Linien.

Sie heißen Chuck Norris). In einer sphärischen Geometrie hingegen schneiden sich scheinbar parallele Linien immer in einer gewissen Entfernung, während in einer hyperbolischen Geometrie anfänglich parallele Linien grundsätzlich auseinanderlaufen.

Theoretisch könnte man so auf die verrückte Idee kommen, mithilfe der gerade beschriebenen Triangulation ein riesiges Dreieck in den Weltraum zu zeichnen, um dessen Innenwinkel akribisch zu vermessen. Zwei ambitionierte Beobachterteams müssten dazu in speziellen Raumschiffen in verschiedene Himmelsrichtungen fliegen, um mit der Erde die Ecken eines gigantischen kosmischen Dreiecks zu bilden, das weit über die Grenzen der Milchstraße hinausragt. Großartig, könnte man meinen, doch es gibt einen Haken. Denn die Raumfahrt wird entsprechend lange dauern, was daran liegt, dass sich unsere schnellsten Raumschiffe im kosmischen Maßstab derzeit nur wie lahme Enten an Krücken durchs All bewegen. Das schnellste von der Menschheit jemals gebaute Objekt ist die 2018 gestartete Raumsonde „Parker Solar Probe", die mit stolzen 587.000 Kilometern pro Stunde (das sind ca. 163 Kilometer pro Sekunde) die Sonne umrundete. Um mit dieser Geschwindigkeit ans andere Ende der Galaxis in einer Entfernung von rund 100.000 Lichtjahren zu gelangen, bräuchte man etwas mehr als 180 Millionen Jahre! Packen Sie genügend Popcorn ein.

Zusammenhang mit der kritischen Dichte

Zum Glück existieren mittlerweile vielversprechende Ansätze, um qualifizierte Aussagen über die Geometrie des Universums zu machen, ohne dass man sich über Jahrtausende in eine durchs Weltall treibende Blechschüssel zwängen muss. Einer dieser Ansätze betrifft die von dem Astrophysiker Alexander Friedmann aufgestellten Gleichungen zur Entwicklung des Weltalls, die wir bereits einige Kapitel zuvor diskutiert haben. Die Friedmann-Gleichungen offenbaren nämlich einen verblüffenden Zusammenhang zwischen der geometrischen Form des Kosmos einerseits (flach, hyperbolisch oder sphärisch) und seinem Dichteparameter Ω andererseits, der sich als Summe aus baryonischer und nicht baryonischer Materie sowie der dunklen Energie zusammensetzt. Falls Ω kleiner als ein bestimmter kritischer Dichtewert ist, so würden wir in einem Kosmos mit hyperbolischer Geometrie leben. Falls Ω gleich der kritischen Dichte ist, so würden wir jeden Tag in einem flachen Universum aufwachen, und wenn Ω größer als die kritische Dichte ist, dann wäre das Universum eines mit sphärischer Geometrie.

Wir haben also das Problem zur Bestimmung der Geometrie auf ein Problem zur Bestimmung von Ω verlagert, einem Parameter, der uns durch Beobachtungen wesentlich zugänglicher zu sein scheint. Damit Sie mal eine halbwegs konkrete Vorstellung vom Wert dieser kritischen Dichte bekommen: Sie beträgt lediglich $5 \cdot 10^{-30}$ Gramm pro Kubikzentimeter, was nicht mehr als schlappe drei Protonen pro Kubikmeter Raumvolumen sind. Das stellt das beste Vakuum auf der Erde in den Schatten. Das Universum ist also de facto leer!

Die Auswirkungen der Geometrie auf die zeitliche Entwicklung des Universums sind dabei kaum zu vernachlässigen. Beispielsweise sagen die Friedmann-Gleichungen vorher, dass ein Universum mit einer sphärischen Geometrie geschlossen ist – mit fatalen Folgen für unsere zukünftigen Wochenendplanungen. Denn ein geschlossener Kosmos würde seine Ausdehnung irgendwann umkehren und zurück zu einer Singularität, also zum Ausgangszustand des Universums kollabieren, um anschließend erneut zu expandieren, und so weiter. Seit der Geburt der Erde vergingen immerhin rund 4,5 Milliarden Jahre. In einem geschlossenen Universum wären solche Zeitspannen, die zur Ausbildung einer komplexen (menschlichen) Biologie notwendig sind, unter Umständen gar nicht vorhanden. Und wer will schon in einem Universum leben, in dem alle paar Milliarden Jahre die Party zu Ende ist?

Ein Universum mit hyperbolischer Geometrie bezeichnen wir hingegen als offenes Universum, weil seine Ausdehnung niemals zum Stillstand kommt und ewig andauern wird.

Ähnlich sieht es bei einem flachen Universum aus, denn auch dieses ist offen, allerdings könnte sich seine Ausdehnung nach einer gewissen Zeit verlangsamen und in ferner Zukunft zum Stillstand kommen, ohne dass es wieder in sich zusammenfallen würde.

Um unser eigenes Schicksal vorherzusagen, müssen wir also möglichst präzise den Wert des Dichteparameters Ω bestimmen. In der Praxis erhalten Kosmologen diese Information aus der kosmischen Hintergrundstrahlung, die uns nicht nur etwas über die großskalige Verteilung der Materie im Universum verrät, sondern auch über dessen spezifische Zusammensetzung. Mithilfe theoretischer Modelle versucht man dann den genauen Wert von Ω abzuschätzen – ein Verfahren, das sich seit jeher in der Kosmologie bewährt hat.

Das Ende des Universums

Es gibt verschiedene Theorien, wie das Universum enden könnte. Während sich die kosmische Expansion beim „Big Crunch" wieder umkehren und das All seine Entwicklung rückwärts durchlaufen würde, käme es beim „Big Freeze" zum großen Einfrieren, weil die Expansion ewig andauert und das Weltall weiter abkühlt. Beim „Big Rip" könnte aufgrund der beschleunigten Expansion das Universum irgendwann sogar komplett auseinanderreißen!

Das flache Pizza-Universum

Demnach zeigen neueste Modelle, dass der gemessene Dichteparameter der kritischen Dichte sehr nahekommt, was bedeutet, dass das Universum perfekt flach zu sein scheint. Allerdings sind die Messfehler nicht unerheblich klein, sodass auch andere Geometrien noch nicht vollständig ausgeschlossen werden können. Trotzdem verdichten sich die Hinweise, dass der Kosmos in der Tat eher wie eine flache Pizza denn wie ein gekrümmter Donut auszusehen scheint, was ein offenes Weltall zur Folge hätte, das auf immer und ewig expandieren wird.

Doch wäre es theoretisch auch denkbar, dass das Universum im wesentlich größeren Maßstab gar eine noch kompliziertere Topologie aufweist. Möglicherweise haben wir im Rahmen unserer primitiven Beobachtungen bisher nur Zugang zu einem winzig kleinen Teil einer weitaus umfassenderen Geometrie erhalten. So ähnlich wie man denken könnte, die Erde sei eine Scheibe, wenn man sie nicht vom Weltraum aus beobachtet, könnte man auf die stupide Idee kommen, dass das Universum flach sei, weil wir bislang nicht über seinen kosmischen Rand hinaus blicken konnten. Dann wäre es trotzdem möglich und denkbar, dass wir in einem Donut-Universum leben, das in Bezug auf den beobachtbaren Horizont des Alls zwar lokal flach, darüber hinaus jedoch gekrümmt erscheint. Letztlich wären aber auch andere, ganz verrückte Topologien denkbar, zum Beispiel die einer Banane oder Melone.

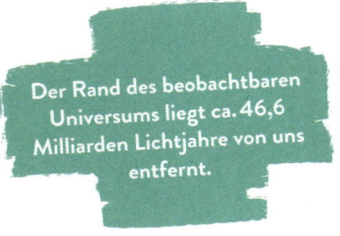

Der Rand des beobachtbaren Universums liegt ca. 46,6 Milliarden Lichtjahre von uns entfernt.

Leider werden wir das aber auf absehbare Zeit nicht so einfach herausfinden können, weil wir selbst mit unseren größten Teleskopen nicht unbegrenzt weit ins All hinausblicken können. Unser beobachtbarer Kosmos besitzt nämlich eine natürliche Grenze, die auf Einsteins spezielle Relativitätstheorie zurückzuführen ist, wonach sich nichts schneller als das Licht fortbewegen kann. Ein Lichtstrahl, der kurz nach dem Urknall vor 13,8 Milliarden Jahren seinen Weg durch Raum und Zeit angetreten hat, kann im Laufe der Lebenszeit des Weltalls folglich nicht unendlich weite Strecken zurückgelegt haben. Demnach können wir auf die Informationen jenseits dieser kausalen Grenze nicht zugreifen, was kosmologische Studien letztlich auf den beobachtbaren Teil des Universums beschränkt.

Kehren wir für einen Moment nochmal zu unserer Feststellung zurück, dass die Geometrie des Universums entscheidend von seinen Zutaten abhängt. Je nachdem, wie groß die Anteile an (dunkler) Materie bzw. dunkler Energie sind, ergibt sich sogar eine vollkommen andere Entwicklungsgeschichte für das Universum. Da jede Form von Materie – egal ob dunkel oder nicht – anziehend wirkt, würde ein höherer Anteil dazu führen, dass die Expansion des Raumes stärker abgebremst wird, wohingegen ein höherer Anteil an dunkler Energie dazu führen würde, dass der Raum stärker expandiert. Die Geometrie des Universums sowie sein Inhalt sind demnach untrennbar mit seiner Entwicklungsgeschichte verbunden. Eine andere Zusammensetzung hätte unweigerlich zu einer anderen Geometrie und somit zu einer anderen Weltgeschichte geführt! Man könnte nun trefflich darüber spekulieren, ob es unter anderen Umständen überhaupt die Milchstraße oder das Sonnensystem gegeben hätte, oder ob wir beide, Dominika und Erik, uns gar getroffen hätten, um dieses Buch zu planen.

Doch wie kann es sein, dass wir augenscheinlich in einem ach so perfekten Universum leben, das genau die richtigen Eigenschaften für Leben aufweist? Wir wollen die Antwort auf diese wichtige Frage noch kurz aufschieben – das nächste Kapitel wird sich mit diesem Thema im Detail befassen. Etwas süffisanter hat es der britische Schriftsteller Douglas Adams in seinem berühmten Roman „Per Anhalter durch die Galaxis" ausgedrückt: „Es gibt eine Theorie, die besagt, wenn jemals irgendwer genau herausfindet, wozu das Universum da ist und warum es da ist, dann verschwindet es auf der Stelle und wird durch noch etwas Bizarreres und Unbegreiflicheres ersetzt. Es gibt eine andere Theorie, nach der das schon passiert ist."

Probleme mit dem Standardmodell

Schließlich wurde die Kosmologie in den 1970er Jahren auf eine harte Probe gestellt, als – beflügelt von den schnellen Erfolgen des Standardmodells – schon bald die Frage aufkam, warum unser Universum in alle Richtungen gleich auszusehen scheint. Nun müssen wir zuerst klären, was wir mit „gleich aussehen" meinen. Natürlich sieht das Universum nicht überall gleich aus – zumindest nicht, wenn man es im Kleinen betrachtet. Schauen wir bei Nacht in den Sternenhimmel, so beobachten wir in unterschiedlichen Richtungen jede Menge funkelnder Sterne und womöglich sogar den ein oder anderen Planeten. Wir sehen die verrücktesten Sternhaufen, Gaswolken und Galaxien und fragen uns zugleich, wie solche Objekte überhaupt entstehen können. Keines von ihnen scheint dem anderen auch nur ansatzweise ähnlich zu sein. Doch ist dies wirklich ein Widerspruch zu unserer Annahme?

Zu diesem Eindruck könnte man schnell gelangen, doch wenn wir uns weit größere Raumbereiche ansehen, wird klar, dass bestimmte physikalische Eigenschaften des Alls – zum Beispiel seine mittlere Temperatur – sich gar nicht mehr wesentlich unterscheiden (bis auf winzige Fluktuationen, wie im Kapitel „Und es ward Licht" erläutert). Stattdessen scheint es, als hätten unterschiedliche Regionen des Alls durchaus eine vergleichbare Temperatur, die wir als Temperatur des kosmischen Hintergrunds identifiziert haben. Sie beträgt ca. 2,7 Grad über dem absoluten Nullpunkt – und das nicht nur nahe der Erde, sondern überall im Universum.

Wie das bloß sein kann, werden Sie sich fragen. Wenn wir Einstein ernst nehmen, sollten doch Regionen, die so weit voneinander entfernt sind, kausal niemals in der Lage gewesen sein, miteinander zu kommunizieren. Wie konnte sich dann überhaupt ein thermisches Gleichgewicht mit relativ ähnlicher Temperatur einstellen und das All zu dem machen, was es heute ist? Stellen Sie sich beispielsweise vor, Sie verabreden sich zum Abendessen mit zwei guten Freunden, nennen wir sie hier Alex und Tina. Beiden Freunden haben Sie zuvor einen netten Brief geschrieben, in dem Sie Datum, Zeit und Ort des Treffens kommuniziert haben. Einen Tag vor dem Treffen wird Ihnen plötzlich bewusst, dass Sie vergessen haben, Ihre beste Schulfreundin Marie noch einzuladen, die mittlerweile jedoch einige Kilometer weiter entfernt von Ihnen wohnt.

Hektisch schreiben Sie noch einen weiteren Brief und geben ihn viel zu spät bei der Post auf, doch schnell wird Ihnen klar, dass Marie den Brief niemals rechtzeitig erhalten wird. Beschämt betreten Sie am besagten Abend das Restaurant, während Sie nicht schlecht staunen, als da auf einmal Alex, Tina und Marie gemeinsam an einem Tisch auf Sie warten. Sie freuen sich wie ein kleines Kind über ihre Anwesenheit, verstehen jedoch die Welt nicht mehr. Wie konnte Marie überhaupt an die Informationen über Ort und Zeit des Treffens gelangen? Den Brief selbst konnte sie unmöglich in der Kürze der Zeit erhalten haben, und die anderen beiden waren sich gar nicht darüber im Klaren, dass noch eine weitere Person dazu kommen würde.

Etwas ganz Ähnliches geschah in unserem Universum, denn weder Marie noch weit entfernte Regionen des Alls hatten jemals die Chance, sich über ihren kausalen Horizont hinaus zu verständigen und die nötigen physikalischen Informationen auszutauschen. Dieses Problem, das lange Zeit ein großes Mysterium unter Kosmologen war, wird als *Horizontproblem* bezeichnet.

Doch als man glaubte, es könnte nicht noch schlimmer kommen, betrat plötzlich ein weiteres gravierendes Problem die Bühne, das den Namen *Flachheitsproblem* trägt. Wie der Name schon suggeriert, wirft es die Frage auf, wieso wir in einem perfekt flachen Uni-

Kosmischer Horizont

Da das Universum vor ca. 13,8 Milliarden Jahren entstand, könnte man meinen, die Entfernung von uns zum kosmischen Horizont betrüge 13,8 Milliarden Lichtjahre. Das ist jedoch falsch, denn man vernachlässigt dabei die Expansion des Alls. Da sich der Kosmos seither beschleunigt ausdehnt, beträgt die Entfernung von uns zum Beobachtungshorizont sogar 47 Milliarden Lichtjahre.

versum zu leben scheinen. Tatsächlich können wir das Flachheitsproblem noch aus einem etwas anderen Blickwinkel formulieren, da wir eben gelernt haben, dass die Dichte des Universums sehr eng mit seiner Geometrie in Verbindung steht. So könnten wir genauso gut fragen, wie es sein kann, dass wir in einer Welt leben, deren Dichte offenbar sehr nah bei der kritischen Dichte liegt. Dieser Umstand lässt sich mathematisch nur durch die Annahme erklären, dass bereits kurz nach dem Urknall eine äußerst präzise Feinabstimmung des Dichteparameters Ω vorgelegen haben muss, denn bereits eine winzige Abweichung von der kritischen Dichte hätte verheerende Auswirkungen auf die weitere Entwicklung des Alls gehabt!

Dabei sei angemerkt, dass eine solche potenzielle Abweichung keinesfalls im Widerspruch zum Standardmodell der Kosmologie steht. Es war lange Zeit nur vollkommen unklar, welche physikalischen Phänomene diese verursacht haben könnten. Letztlich erscheint es mehr als unwahrscheinlich, dass dieses kosmische Finetuning „einfach mal so" passiert ist. Allein die theoretische Wahrscheinlichkeit für ein perfekt flaches All, so wie wir es heute sehen, ist demnach sehr klein. Es wäre, als wenn Sie einen Bleistift auf seiner Spitze balancieren und dabei verharren lassen könnten, ohne dass er umfällt.

Wir leben also in einem Kosmos, dessen physikalische Parameter so fein austariert scheinen, dass es fast schon unverschämt ist, eine solche Tatsache zu ignorieren und *nicht* zu hinterfragen, wie es eigentlich dazu kommen konnte. Was könnte dazu geführt haben, dass wir in solch einem unverschämt flachen Pizza-Universum leben?

Das inflationäre Universum

Inspiriert von den damaligen Problemen der Kosmologie schlugen die beiden Physiker Alan Guth und Andrei Linde schließlich einen Ansatz vor, um das Horizont- und Flachheitsproblem zu lösen: das inflationäre Universum. [2] Guth und Linde nahmen dabei an, dass es kurz nach dem Urknall eine Phase inflationären Wachstums gegeben habe, während der sich der Kosmos um ein unglaubliches Vielfaches seiner damaligen Größe – schätzungsweise um den Faktor von einer Milliarde, Milliarde, Milliarde, Milliarde, Milliarde – ausgedehnt hat. Träte eine solche Inflation im wahren Leben auf, könnten wir uns womöglich noch nicht mal mehr ein Glas Wasser leisten, geschweige denn unsere Monatsmiete abstottern.

Eine solch explosionsartige Ausdehnung, so vermuteten Guth und Linde, kann jedoch nur durch eine starke Kraft verursacht werden, die abstoßende Eigenschaften besitzt. Heute mutmaßen einige Physiker sogar, dass die kosmologische Konstante von Einstein in einem engen Zusammenhang mit der inflationären Phase stehen könnte, denn sie weist genau jene Eigenschaften auf, die zur Beschreibung der Inflation notwendig sind. Allerdings wird die Inflation nicht durch das Standardmodell der Kosmologie vorhergesagt, sondern muss händisch hinzugefügt werden. Manch ein Kritiker bemängelte, das sei pure Willkür.

Die Inflation hätte demnach nur winzigste Sekundenbruchteile angedauert.

Trotzdem bietet das Inflationsmodell einige entscheidende Vorteile, denn es löst auf beachtliche Weise sowohl das besagte Horizont- als auch das Flachheitsproblem, das den Kosmologen so große Bauchschmerzen bereitet hat. Werfen wir zuerst einen Blick auf das Horizontproblem und nehmen für einen Moment an, dass kurz nach dem Urknall, als das Universum noch wesentlich kleiner war, sämtliche Regionen des Alls noch miteinander in kausalem Kontakt standen. Während dieser Zeit konnte sich letztlich auch ein stabiles Temperaturgleichgewicht einstellen, was für Marie wiederum bedeutet hätte, dass sie Ihren Last-Minute-Brief dennoch erhält, weil die Laufwege ausreichend kurz sind.

Nun wurden aufgrund der explosionsartigen Ausdehnung des Alls während der inflationären Phase große Teile des Kosmos plötzlich kausal voneinander getrennt, was erklären würde, warum wir in alle Himmelsrichtungen heute dieselbe mittlere Temperatur von ca. 2,73 Kelvin beobachten. Das Inflationsmodell bietet uns also eine interessante Möglichkeit, das Horizontproblem zu lösen. Sehr ähnlich verhält es sich mit dem besagten Flachheitsproblem der Kosmologie. Nehmen wir für einen Moment an, dass das Universum in seiner frühen Phase kurz nach dem Urknall eine gewisse Geometrie besessen hätte. Doch egal, welche Form das Universum damals gehabt haben mag, eine inflationäre Phase könnte dafür gesorgt haben, dass die Geometrie der Raumzeit auf einen Schlag lokal geglättet wurde.

Stellen Sie sich dazu ein zerknülltes Taschentuch vor. Das Tuch, wenn es vor Ihnen auf dem Tisch liegt, mag eine merkwürdige Form haben. Wenn Sie es jedoch mit einem Ruck auffalten, sich die Nase damit putzen und es auf ein Vielfaches seiner ursprünglichen Größe ausdehnen, werden Sie plötzlich wieder ein komplett flaches Taschentuch vor sich sehen (welches mit großer Sicherheit flach, jedoch nicht unbedingt sauber sein mag, dafür sorgt dann Ihre Waschmaschine).

Ähnliche Vorgänge wie diese könnten sich im frühen Universum abgespielt haben, als der Kosmos noch in seinen Kinderschuhen steckte. Die Tatsache, dass wir heute ein Universum mit flacher Geometrie beobachten, könnte demnach eine Folge inflationärer

Ausdehnung gewesen sein. Auf diese Weise könnte nicht nur das Flachheitsproblem gelöst werden, sondern wir könnten letztlich auch verstehen, warum das heutige Universum eine derart große Ausdehnung besitzt!

Das Zeitalter der Gravitationswellenastronomie

Doch wie wahrscheinlich ist es, dass das Inflationsmodell wirklich korrekt ist und es sich so zugetragen hat? Leider konnten wir dies bislang noch nicht experimentell überprüfen, weil unsere Teleskope diese frühe Phase in der Geschichte des Universums aktuell (noch) nicht beobachten können. Trotzdem besteht die Hoffnung, dass sich bald eine erste Gelegenheit bieten könnte, die Inflation nachzuweisen. Die Relativitätstheorie sagt nämlich die Existenz von Gravitationswellen vorher, deren Vorkommen Einstein selbst zunächst bezweifelte, diese Meinung später jedoch revidierte. Zuvor leistete der Mathematiker und Physiker Henri Poincaré (1854–1912) wichtige Vorarbeiten, auf die sich Einstein in seinen Ausarbeitungen stützte.

Gravitationswellen stellen vereinfacht gesagt lichtschnelle Wellen in der Raumzeit dar, die selbige zum Schwingen bringen. Man kann sich die Gravitationswellen salopp gesprochen wie Wasserwellen auf einem anfangs ruhigen See vorstellen. Sobald man einen Stein in den See wirft, erzeugt dieser Wellen, die sich kreisförmig

Welleneigenschaften

Welle ist nicht immer gleich Welle. Gravitations- oder Lichtwellen sind sogenannte Transversalwellen, bei denen die Schwingung quer zur Ausbreitungsrichtung erfolgt. Schallwellen dagegen sind sogenannte Longitudinalwellen. Sie schwingen immer in Richtung ihrer Ausbreitung.

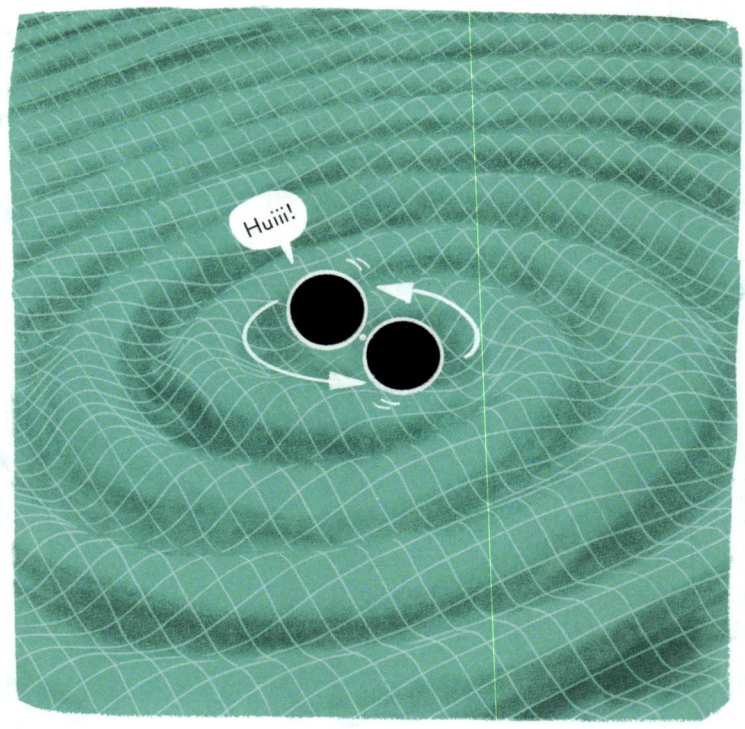

Gravitationswellen, die bei der Verschmelzung zweier Schwarzer Löcher entstehen.

nach außen hin ausbreiten. Im Universum hingegen werden Gravitationswellen durch stark beschleunigte Massen verursacht, beispielsweise wenn zwei massereiche Schwarze Löcher in einem energiereichen Ereignis miteinander verschmelzen oder zwei Neutronensterne einander umkreisen.

Solche Schwerkraftwellen konnten erstmals im Jahr 2015 in den USA vom LIGO-Detektor (Laser Interferometer Gravitational Wave Observatory) nachgewiesen werden, wofür die Physiker Rainer

Weiss, Barry Barish und Kip Thorne im Jahr 2017 den Physik-Nobelpreis erhielten. Seitdem befindet sich die gesamte Astro-Community in reger Aufruhr, weil sich mit der Beobachtung der Gravitationswellen ein ganz neues Zeitalter astronomischer Forschung aufgetan hat, das für die Zukunft vielversprechende Ergebnisse verheißt.

Das grundlegende Problem bei der Untersuchung des frühen Universums ist jedoch, dass der Kosmos vor der Entstehung der kosmischen Hintergrundstrahlung vollkommen undurchsichtig war, weshalb wir uns nicht auf eine Analyse elektromagnetischer Wellen stützen können, um irgendwelche Informationen über die Zeit kurz nach dem Urknall zu erhalten. Dagegen könnte die Gravitationswellenastronomie uns das Tor zur Beobachtung dieser Phase schon bald öffnen.

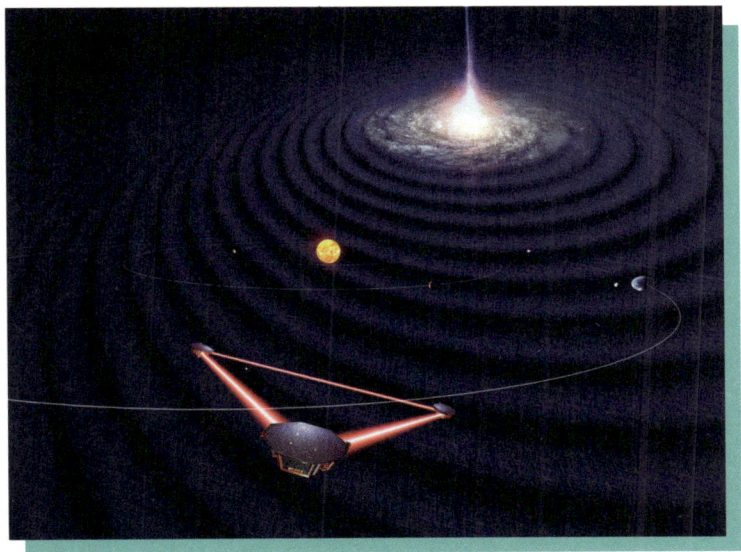

Mit dem Satellitentrio LISA sollen Gravitationswellen in naher Zukunft vom All aus detektiert werden.

Ein ambitioniertes Projekt, das die Herzen der Forscherinnen und Forscher seit Langem höherschlagen lässt, ist ein Detektor, der auf den Namen „Laser Interferometer Space Antenna", kurz LISA, hört. Bei LISA handelt es sich um drei Satelliten, die in einem Abstand von einigen Millionen Kilometern voneinander ins All befördert werden sollen, um dort in einer dreieckförmigen Anordnung miteinander zu arbeiten. Läuft eine Gravitationswelle durch das System, kann LISA diese detektieren und sogleich den Ursprung der Welle sowie den exakten Entstehungszeitpunkt rekonstruieren. Ein großer Vorteil bei diesem Versuchsaufbau ist, dass ein solcher Detektor – im Gegensatz zu irdischen Modellen wie LIGO – eine wesentlich höhere Empfindlichkeit besitzt und nicht durch irdische Ereignisse gestört wird. Mit einem Start des Projekts ist jedoch nicht vor 2030 zu rechnen.

Wenn Guths Hypothese eines inflationären Kosmos richtig ist, sollten wir schon bald in der Lage sein, Schwerkraftwellen aus der Frühphase des Universums mit unseren eigenen Augen zu sehen. Wellen, die zu einer Zeit entstanden, als der Kosmos gerade mal Bruchteile einer Sekunde alt war, als er durch die gewaltige Inflation so richtig durchgeschüttelt wurde. Die Entdeckung der Inflation wäre für alle der heilige Gral der Kosmologie, ein Triumph der Wissenschaft und des menschlichen Geistes. Die nächsten Jahre werden zeigen, ob unser Verständnis vom Beginn des Universums richtig ist.

Das Kapitel in Kürze:

> Kosmologen versuchen seit vielen Jahren, die Geometrie des Universums zu bestimmen. Theoretisch kann die Raumzeit laut Einstein positiv oder negativ gekrümmt oder flach sein. Je nachdem spricht man von einem geschlossenen oder offenen Universum, das unterschiedliche Expansionseigenschaften aufweist.

> Die Friedmann-Gleichungen offenbaren einen erstaunlichen Zusammenhang zwischen der Krümmung und dem Dichteparameter Ω. Dieser setzt sich aus der dunklen und normalen Materie sowie der dunklen Energie zusammen. Je nach Zusammensetzung haben diese Komponenten einen großen Einfluss auf die Entwicklungsgeschichte des Universums und können seine Zukunft maßgeblich beeinflussen.

> Unser Universum scheint perfekt flach zu sein, was aktuelle Beobachtungen suggerieren. Das jedoch führt zu einem nicht unerheblichen Feinjustierungsproblem: Wie kam es dazu, dass wir in einer flachen Raumzeit leben, die perfekt auf unsere Bedürfnisse abgestimmt zu sein scheint?

> Ein weiteres Problem betrifft die Temperatur des kosmischen Hintergrunds. Das Standardmodell der Kosmologie allein kann nicht erklären, warum die Temperatur überall im Universum im Mittel gleich ist. Dies konstituiert ein Problem mit dem kausalen Horizont, da die Information über die kosmische Temperatur gemäß Einsteins Relativitätstheorie niemals über den beobachtbaren Horizont hinaus hätte transportiert werden können.

> Das Inflationsmodell, das ein stark expandierendes Universum kurz nach dem Urknall vorhersagt, könnte sowohl das Horizont- als auch das Flachheitsproblem lösen. Allerdings wurde das Modell bislang noch nicht experimentell überprüft. Möglich werden könnte dies mithilfe der neuen Gravitationswellenastronomie und Detektoren wie LISA.

Kosmisches Finetuning

Wir leben in einem erstaunlichen Universum, das offensichtlich die Entstehung komplexer biologischer Strukturen zugelassen und Sterne und Planeten hervorgebracht hat. Es ist ein Universum, in dem wir die Seiten dieses Buches als flach, die Oberfläche einer Kugel als gekrümmt und die Zeit als gleichmäßig erachten. Wir und diese Welt scheinen perfekt füreinander bestimmt zu sein, wie ein verliebtes Ehepaar, das friedvoll und glücklich in einer sonst eher aufregenden Beziehung lebt. Doch was auf den ersten Blick so selbstverständlich erscheinen mag, ist in Wahrheit eines der größten ungelösten Rätsel der Physik.

ES IST NOCH GAR NICHT SO LANGE HER, da traf ich mich mit einem langjährigen Freund, seinerseits auch theoretischer Physiker, zum Abendessen in einer urigen Sushi-Bar. Die Bar war sehr liebevoll dekoriert. An den Wänden hing allerlei Zeugs herum, ein paar bunte Laternen, Bilder von der Restauranteröffnung, und so weiter. Wir aßen in Ruhe unser Essen, als plötzlich ein riesiges dreidimensionales Plastikmodell eines lebensgroßen Thunfisches unsere Aufmerksamkeit erregte, den wir später neugierig aus allen Winkeln musterten. Wie kann es sein, fragten wir uns, dass ein einzelner Fisch bloß so fett werden kann? Doch war es in diesem Moment weniger die Biologie, der unsere Aufmerksamkeit galt, sondern die Tatsache, dass wir in einem dreidimensionalen Raum leben, der es scheinbar *überhaupt* erlaubt, dass Lebewesen wie wir Menschen oder der Thunfisch Nahrung aufnehmen, einen Blutkreislauf etablieren oder uns in Raum und Zeit fortbewegen können. All dies wäre undenkbar, wenn unser Universum anstatt drei lediglich zwei Raumdimensionen besäße, was an sich zunächst einmal wie Hokuspokus klingen mag, bei näherer Betrachtung jedoch auf einige spannende physikalische Fragestellungen über das Wesen des Kosmos hinausläuft. Wieso um alles in der Welt leben wir bloß in einem Universum mit einer Zeit- und drei Raumdimensionen, und nicht etwa in einem mit zwei Raumdimensionen und zusätzlichen versteckten Zeitachsen?

Lassen Sie uns im Folgenden weitere Gedankenexperimente anstellen, um zu verstehen, was unser Universum so besonders macht. Ein Beispiel: Wäre der Wert der Gravitationskonstante nur geringfügig anders, so wären die Planetenbahnen unter Umständen instabil, und man könnte schnell ins Grübeln geraten, ob Sterne wie unsere liebe Sonne und Galaxien wie die Milchstraße in solch einem Fall überhaupt noch denkbar wären. Ähnliche Fragen von der Art „Was wäre, wenn ...?" könnte man sich auch in Bezug auf die anderen Naturkonstanten stellen. Was wäre, wenn das Plancksche Wirkungsquantum nur ein kleines bisschen größer oder die Masse eines Elektrons nur ein kleines bisschen kleiner wäre? Wären dann die

Atome noch stabil und die Sonne heiß genug, damit Leben auf der Erde existieren könnte?

Viele Naturkonstanten, so möchte man auf den ersten Blick meinen, scheinen perfekt auf unser Dasein abgestimmt zu sein. Aber warum sollten nur diese einer wie auch immer gearteten Feinabstimmung unterliegen, wenn es sie denn wirklich gibt? Warum nicht zum Beispiel auch die kosmologische Konstante oder das Higgs-Feld, das allen Teilchen im Universum eine Masse verleiht? Wir sehen bereits, dass allein die Auswahl der richtigen Parameter uns vor große Probleme stellt, weshalb das Problem der Feinabstimmung des Universums heiß unter den Physikerinnen und Physikern diskutiert wird.

Betrachten wir als weiteres Beispiel Einsteins kosmologische Konstante Λ. Ein Universum, das nur einen geringfügig anderen Λ-Wert hätte, besäße möglicherweise ganz andere Expansionseigenschaften, was weitreichende Auswirkungen auf seine Entwicklung und die Bildung kosmischer Strukturen hätte. Schon lange versuchen Physiker auf der ganzen Welt dem Ursprung dieser Konstanten auf den Grund zu gehen, jedoch mit mehr oder weniger überschaubarem Erfolg. Ein Ansatz, den die meisten Physiker dabei verfolgen, betrifft die Theorie der Quantenmechanik, denn sie verrät uns, dass es in diesem Universum nicht nichts geben kann. Selbst das reinste Vakuum hat demnach – glaubt man der Theorie – eine gewisse Energie, die für den Λ-Wert verantwortlich sein könnte. Binnen kürzester Zeit entstehen so jenseits unserer Wahrnehmungsgrenze virtuelle Teilchen-Antiteilchen-Paare quasi aus dem Nichts, die den Bruchteil einer Sekunde existieren, bevor sie sich schleunigst gegenseitig wieder vernichten. Davon bekommen wir Menschen natürlich nichts mit.

> Manchmal bezeichnet man diese Quantenfluktuationen salopp auch als Quantenschaum.

Wie diese sogenannten Quantenfluktuationen im Detail entstehen, hat der deutsche Physiker Werner Heisenberg (1901–1976) erstmals beschrieben. Heisenberg zufolge gibt es in der Natur eine Unschärfe zwischen zwei Größen wie beispielsweise dem Impuls – dem Produkt aus Geschwindigkeit und Masse – und dem Ort eines Quantenteilchens. Diese von Heisenberg aufgestellte *Unschärferelation* besagt nun, dass man den Wert der einen Größe nur auf Kosten der Genauigkeit der anderen bestimmen kann, niemals aber beide zur selben Zeit beliebig exakt. So könnte man von einem Elektron beispielsweise seine genaue Position, jedoch niemals gleichzeitig seinen Impuls ermitteln. Dies hat nichts mit menschlichen Fehlern beim Messprozess oder mangelnder Präzision der Messgeräte zu tun: Es handelt sich um eine intrinsische Eigenschaft der Natur, die dafür sorgt, dass unser Blick auf bestimmte Größen „unscharf" wird.

Ähnlich verhält es sich mit den beiden Parametern Energie und Zeit. Will man die Energie eines Teilchens bestimmen, so kann dies niemals zu einem festgelegten scharfen Zeitpunkt geschehen. Man kann die eine Größe nur auf Kosten der anderen ermitteln, aber niemals beide gleichzeitig. Letztlich ist diese Energie-Zeit-Unschärfe der Grund, warum es überhaupt die besagten Quantenfluktuationen gibt, die sich sogar im Labor beobachten lassen.

Ein Vakuum ist also entgegen der landläufigen Annahme alles andere als leer, sondern erfüllt von einem wilden Quantengeflacker und besitzt somit eine bemerkenswert komplexe Struktur. Die Frage ist nur, wie es dazu kommen konnte, dass wir in einem solchen Universum leben, dessen Vakuumerwartungswert – so nennt man die Energie des Vakuums – offenbar nicht gleich Null ist?

Das Schicksal des Universums

Tatsächlich könnte dieser von Null verschiedene Vakuumerwartungswert verheerende Folgen für das Schicksal unseres gesamten Universums haben. Einer der Pioniere bei der Erforschung dieses sogenannten „falschen Vakuums" war der US-amerikanische Physiker Sidney Coleman. Coleman leistete viele bedeutende Beiträge auf dem Gebiet der Quantenfeldtheorie und lehrte als Physikprofessor an der Harvard University, bis er 2007 starb. In seinem im Jahr 1977 erschienenen Paper mit dem Titel „Fate of the false vacuum" [1] (deutsch: Schicksal des falschen Vakuums) zeichnete Coleman das Bild eines instabilen Universums, dessen Vakuum jederzeit von einem falschen in ein richtiges Vakuum übergehen könnte.

Wie aber kann ein Vakuum richtig oder falsch sein? Im letzten Abschnitt haben wir gesehen, dass unser Vakuum in Wahrheit gar nicht komplett leer ist, sondern eine gewisse Nullpunktsenergie besitzt, die von einem wilden Quantengeflacker auf kleinsten Skalen herrührt. Da es diese Mindestenergie besitzt, ist es also nicht komplett leer und somit ein „falsches" Vakuum. Demnach wäre es zumindest theoretisch möglich, dass das Universum diese Energie verliert und somit in einen niedrigeren Energiezustand (in ein „richtiges" Vakuum also) fällt, ähnlich wie eine Kaffeetasse, die aus Versehen vom Frühstückstisch rutscht und dabei in tausend Teile zerspringt. Im Falle der Kaffeetasse ist es jedoch so, dass Sie zunächst Energie aufwenden müssen, bevor sie über die Tischkante gleitet, auf den Boden knallt und schließlich zerspringt.

Auf eine ganz ähnliche Weise könnte ein sehr energiereiches Ereignis wie die Verschmelzung zweier massereicher Schwarzer Löcher theoretisch dafür sorgen, dass das Vakuum plötzlich in einen niedrigeren stabilen Energiezustand fällt und dort auf immer und ewig verweilt. Doch die Tatsache, dass wir noch am Leben sind und das Universum weiterhin sein Dasein fristet, stimmt uns hoffnungsvoll, dass der skizzierte Zerfall des Vakuums bislang noch nicht eingetreten ist – und hoffentlich auch nie eintreten wird.

Daneben existiert theoretisch noch eine zweite Möglichkeit, wie das Vakuum seine Energie verlieren und damit in einen niedrigeren Energiezustand gelangen könnte. Hierbei spielt ein Effekt eine Rolle, den man in der Quantenmechanik als *Tunneleffekt* bezeichnet. Dieser skurrile Effekt, der tatsächlich reale Auswirkungen in unserer Alltagswelt hat, beschreibt die theoretisch denkbare Möglichkeit, dass das Vakuum plötzlich in einen niedrigeren Energiezustand fällt, ohne dass zuvor ein energiereiches Ereignis stattgefunden haben muss. Um diesen Effekt zu verstehen, braucht es allerdings einen kurzen Ausflug in die Welt der Quantenmechanik.

Als Vergleich wollen wir ein einfaches Elementarteilchen, zum Beispiel ein Elektron, bemühen. Laut dem Quantenphysiker Erwin Schrödinger können Elementarteilchen sowohl als Welle als auch als Teilchen angesehen werden. Diese Tatsache begründete zu Beginn des 20. Jahrhunderts den sogenannten Welle-Teilchen-Dualismus, als die Physiker sich fragten, welches Modell – das klassische Teilchen- oder das moderne Wellenbild – eigentlich richtig ist. Heute wissen wir, dass je nach Blickwinkel beide Modelle zutreffen, und dass es auf das jeweilige Experiment und die konkrete Fragestellung ankommt.

> Praktische Anwendungen des Tunneleffekts ergeben sich z. B. beim USB-Stick oder bei hochauflösenden Mikroskopen.

Bedient man das Wellenmodell und wendet es beispielsweise auf ein Elektron an, so ergibt sich die verrückte Situation, dass die Elektronenwelle nicht nur an einem einzigen Punkt lokalisiert, sondern wie eine Wasserwelle über einen bestimmten Bereich im Raum verschmiert ist. Laut der Quantenmechanik bedeutet das also, dass sich das Elektron mit einer bestimmten Wahrscheinlichkeit sogar an mehreren Orten gleichzeitig aufhalten kann. Das Elektron könnte sich theoretisch also auf der einen oder der anderen Seite eines massiven Berges wie dem Mount Everest befinden, und nur die Gesetze der Quantenphysik würden festlegen, wo sich das Teilchen gerade befindet.

Tatsächlich wäre das Leben auf der Erde ohne jenen Tunneleffekt kaum zu ertragen, denn im Inneren der Sonne werden im Sekundentakt große Mengen Wasserstoff zu Helium fusioniert, die im Endeffekt genügend Energie produzieren, damit wir Menschen unsere jährliche Sommerbräune erhalten. Lange Zeit konnte die (klassische) Physik nicht mal im Ansatz erklären, warum Fusionen wie diese überhaupt ablaufen, da die Temperatur im Zentrum der Sonne eigentlich zu niedrig ist, um zwei sich abstoßende Protonen so nahe kommen zu lassen, dass sie zu einem Heliumkern fusionieren. Der Tunneleffekt lässt das mit einer gewissen Wahrscheinlichkeit aber zu, weil die Teilchen – ähnlich wie in obigem Szenario mit dem Mount Everest – sich mit einer gewissen Wahrscheinlichkeit entweder vor oder hinter der Energiebarriere befinden und die Fusion somit ermöglichen können.

Es sei jedoch angemerkt, dass man den besagten Effekt nicht wirklich auf Phänomene des Alltags übertragen kann, es sind und bleiben die Gesetze des Mikrokosmos. Verschwenden Sie also keine Zeit damit zu warten, bis Sie die Gesetze der Quantenmechanik ereilen, sondern nehmen Sie die Anstrengung Ihrer nächsten Bergwanderung lieber selbst in die Hand.

Auf dieselbe Art und Weise könnte der Tunneleffekt möglicherweise dafür sorgen, dass sogar das Vakuum unseres Universums in einen etwas niedrigeren Energiezustand tunnelt. Sollte dies jemals passieren, wäre dies zugleich das Ende des Universums, denn durch den Zerfall des Vakuums würden auf einen Schlag Unmengen an Vakuumenergie freigesetzt werden. Diese Energie wäre derart gewaltig, dass man sie kaum mehr bemessen kann. Der einzige Trost wäre die Tatsache, dass uns der Weltuntergang mit Lichtgeschwindigkeit ereilt, wie Coleman prophezeit. Sie sähen das Unheil also gar nicht erst kommen, und wenn es wirklich so weit ist, wären die vielen Neuronen und Synapsen in unserem Gehirn bereits pulverisiert. Zugegebenermaßen eine sehr humane Art, das Zeitliche zu segnen.

Der Ursprung der Masse

Betrachten wir im Folgenden noch einen weiteren Aspekt der kosmischen Feinabstimmung, bevor wir versuchen, das große Puzzle zusammenzusetzen. Im Kern geht es um die Frage, woher die Elementarteilchen im Universum ihre Masse beziehen. Diesem Problem widmete der britische Physiker Peter Higgs in den 1960er Jahren einen Großteil seiner Zeit.

Um der Lösung des Problems näherzukommen, postulierte Higgs ein spezielles Feld, das man zu seinen Ehren heute *Higgs-Feld* nennt. [2] Ein Feld bezeichnet in der Physik allgemein eine Größe, die jedem Punkt im Raum einen bestimmten Wert zuweist. Ein typisches Beispiel für ein Feld bekommen wir tagtäglich in den 20-Uhr-Nachrichten zu Gesicht. Es ist die Wetterkarte, die uns zuverlässig Auskunft darüber gibt, wie hoch die Temperaturen an verschiedenen Orten im Land sind. So ähnlich wie diese Karte funktioniert letztlich auch das Higgs-Feld, das überall im Universum gegenwärtig ist (ähnlich wie das Wetter auf der Erdoberfläche).

> 2012 wurde die Entdeckung des Higgs-Teilchens am CERN bekanntgegeben.

Higgs behauptet, dass alle Elementarteilchen ihre Masse dadurch beziehen, dass sie über ein spezielles Austauschteilchen, auch „Higgs-Boson" genannt, mit dem Higgs-Feld wechselwirken. Deshalb hat man ihm den Namen „Gottesteilchen" verpasst, was jedoch eher ein medialer Hype war zu einer Zeit, als das neue Teilchen mit großem Tamtam öffentlichkeitswirksam präsentiert wurde. Trotzdem fragten sich viele Physikerinnen und Physiker über viele Jahre, ob es das Boson wirklich geben sollte, und viele blieben skeptisch, bis zu jenem Tag, als plötzlich ein verräterisches Signal in den Daten auftauchte. Und schon bald wurde klar: Bei dem Teilchen kann es sich nur um das lange gesuchte Higgs-Boson handeln. Gut 50 Jahre, nachdem Peter Higgs es vorhergesagt hatte, hatten sich all die Mühen ausgezahlt und das Standardmodell der Teilchenphysik konnte erweitert werden. Ein großer Erfolg für die Wissenschaft!

Darüber hinaus lernten wir bei der Suche nach dem Higgs-Boson auch sehr viel über die grundlegenden Funktionsweisen zukünftiger

Beschleuniger kennen. Es bleibt zu hoffen, dass dieses Wissen uns schon bald große Dienste, zum Beispiel im Bereich der Raumfahrt oder der Medizin, erweisen wird.

Halten wir vorläufig fest: Ohne den Higgs-Mechanismus wären alle Teilchen masselos und Materie, so wie wir sie kennen, könnte es nicht geben. Doch wie sähe unser Universum heute bloß aus, wenn die Eigenschaften dieses Higgs-Feldes nur geringfügig anders wären? Wären Teilchen wie die Elektronen dann massereicher oder masseärmer? Es scheint, als stünde die Physik vor einem riesigen Berg komplizierter Fragen.

Die Feinabstimmung auf dem Prüfstand

Was steckt hinter dem Feinabstimmungsproblem der Naturkonstanten, des Higgs-Feldes sowie der kosmologischen Konstante? Und gibt es womöglich noch weitere Feinabstimmungen, zum Beispiel der Hubble-Konstanten oder der Dichteparameter des Universums? Tatsächlich erscheint die Problematik einer wie auch immer gearteten Feinabstimmung des Kosmos vielen als nicht sonderlich plausibel, und auch ich bin der Meinung, dass die Probleme dadurch eher größer als kleiner werden. So könnte man berechtigterweise fragen, wieso es eine solche Feinjustierung in der Natur überhaupt geben sollte. Oder könnte ein intelligenter Schöpfer gar imstande sein, solch ein Werk zu vollbringen und die Konstanten auf ihre jeweils genau festgelegten Werte zu setzen? Doch wer hat den Schöpfer letztlich erschaffen? Und warum hat sich ein möglicher Schöpfer für genau diesen Plan und nicht für irgendeinen anderen entschieden? Letztlich sind dies Fragen, die eher im Bereich der Metaphysik, Philosophie oder Religion und weniger in den harten Naturwissenschaften zu verorten sind.

Der berühmte Physiker Stephen Hawking sagte dazu: „Wenn das Universum einen Anfang hatte, können wir von der Annahme ausgehen, dass es durch einen Schöpfer geschaffen worden sei. Doch wenn das Universum völlig in sich selbst abgeschlossen ist, wenn es also wirklich keine Grenze und keinen Rand hat, dann hätte es auch weder einen Anfang noch ein Ende; es würde einfach sein. Wo wäre dann noch Raum für einen Schöpfer?"

Flugzeuge aus dem Zweiten Weltkrieg

Es war der australische Physiker Brandon Carter, der gemeinsam mit Ikonen wie Stephen Hawking, Werner Israel und Dennis Sciama versucht hat, eine mögliche Erklärung für die Herkunft der Feinabstimmung des Universums zu liefern. Beflügelt von den Fortschritten, die die Kosmologie in der zweiten Hälfte des 20. Jahrhunderts antrieben, schlug Carter ein mögliches (philosophisches) Prinzip vor, das als „anthropisches Prinzip" in die Lehrbücher einging und auf zahlreichen Konferenzen Anlass für großen Streit bieten sollte. Kurz und knapp besagt das anthropische Prinzip: Wir leben in einer Welt, deren Bedingungen derart gestaltet sind, dass wir gar nicht erst darüber nachdenken könnten, wenn diese Bedingungen anders wären, weil es uns dann vielleicht nicht gäbe.

Es gibt eine spannende Anekdote aus dem Zweiten Weltkrieg, die das anthropische Prinzip auf sehr anschauliche Art und Weise erklärt. Demnach berichteten deutsche NS-Kampfpiloten nach ihrem Einsatz von einer interessanten Beobachtung. Jedes Mal, wenn die Piloten von ihrer Mission zurückkehrten, untersuchten sie ihre Flugzeuge nach Einschusslöchern, die die englischen Flaks ihnen zugefügt hatten. Dabei fanden sie heraus, dass alle Flugzeuge praktisch überall Löcher aufwiesen, nur nicht in einem winzigen quadratischen Bereich an der Seite des Flügels.

Schnell begab man sich auf die Suche nach der Ursache dieses Phänomens. Dabei fand man heraus, dass an jener Stelle, wo nie irgendwelche Einschusslöcher beobachtet wurden, ausgerechnet der Tank der Maschinen lag. Schließlich war die Lösung klar: All diejenigen Flugzeuge, die Treffer an der Stelle des Tanks erlitten haben, stürzten ab und kehrten erst gar nicht zurück. Somit war offensichtlich, warum alle anderen Flugzeuge Löcher an allen möglichen Stellen aufwiesen, nur nicht an der Stelle ihres Tanks.

Es ist durchaus interessant, dass das anthropische Prinzip also scheinbar eine Erklärung für die Tatsache liefert, dass bestimmte Flugzeuge zurückkehrten und andere nicht. Mehr noch, denn es erlaubte darüber hinaus sogar indirekt Rückschlüsse auf die Frage, welches Schicksal die anderen Flugzeuge auf ihrer Mission wohl ereilt haben mag.

In der Psychologie gibt es dafür sogar einen eigenen Begriff, den man *Survivorship Bias* nennt. Demnach sind erfolgreiche Aktionen viel stärker sichtbar als weniger erfolgreiche.

Man kann persönlich zum anthropischen Prinzip stehen, wie man will. Einer unserer Physik-Dozenten hat in seiner Vorlesung einmal gesagt, dass es im Grunde nur zwei Arten von Physikern gibt: diejenigen, die das anthropische Prinzip lieben und es für die Erklärung aller physikalischen Probleme erachten, und die, die es hassen und behaupten, es sei bloß eine billige Ausrede und pures Geschwätz. Wie auch immer Sie selbst zu dem Prinzip stehen mögen, Sie sind mit Ihrer Meinung vermutlich nicht allein.

Kritik am anthropischen Prinzip kam auch vom US-amerikanischen Physiker Lee Smolin, der in seinem Buch „Warum gibt es die Welt?" von 1997 die These aufgestellt hat, dass die grundlegenden Bausteine des Universums eher als Produkt einer evolutionären Entwicklung aufgefasst werden müssen. [3] Smolin zufolge kann das anthropische Prinzip nicht als möglicher Erklärungsversuch für unsere Existenz gelten, weil es keine konkreten Vorhersagen über das Wesen der Natur und des Universums trifft, die man falsifizieren könnte. Der Sargnagel für jede ernsthafte Theorie.

Alles in allem scheint es, als würde eine Mehrheit der Kosmologen das anthropische Prinzip zwar als charmanten philosophischen Gedanken erachten, der jedoch in der Praxis nicht als mögliches Vorhersagewerkzeug überzeugen mag.

Ewige Inflation

Inspiriert von den Diskussionen um das anthropische Prinzip versuchten sich die Physiker Andrei Linde, Paul J. Steinhardt und Alexander Vilenkin in den 80er Jahren schließlich an einer Lösung des Feinabstimmungsproblems. [4] Ihre Gedanken sind sicher spekulativer Natur, aber zeigen dennoch, dass es theoretisch möglich ist, das Feinabstimmungsproblem aufzulösen, indem man versucht, gängige Denkmuster zu durchbrechen. Den Autoren zufolge wäre die Tatsache, dass wir in einem scheinbar feinabgestimmten Kosmos lebten, kein Produkt des Zufalls, sondern eine Folge der sogenannten „ewi-

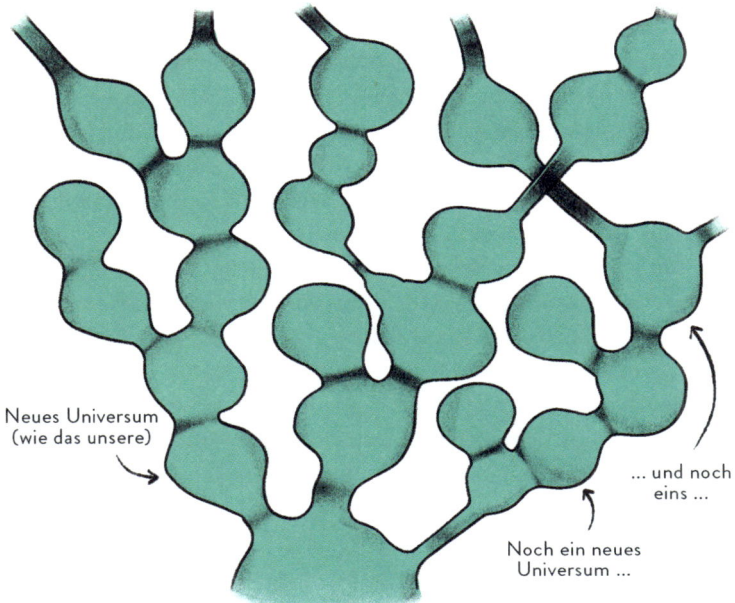

Die Grafik zeigt ein Beispiel für ein selbstreplizierendes Multiversum, in dem immer wieder neue Mini-Universen entstehen.

gen Inflation". Während das Inflationsmodell von Guth davon ausgeht, dass es in der Frühphase des Alls eine kurze Zeit exponentieller Ausdehnung gegeben haben muss, postulieren Linde, Steinhardt und Vilenkin, dass jene Inflationsphase noch bis heute andauert.

Demnach würde nur in bestimmten Teilen des Universums die Inflation zum Stillstand kommen, während andere Teile weiter exponentiell expandieren. Dies würde, so die Autoren, dazu führen, dass kontinuierlich ganz neue Taschenuniversen entstehen, die alle eigene Naturgesetze und Konstanten besäßen. Im großen Maßstab jenseits des beobachtbaren Horizonts besäße das Universum eine Art fraktale Struktur, die sich immer weiter verästelt und dabei stetig selbst reproduziert. Dieses Szenario suggeriert, dass wir in einem Multiversum leben, in dem die Entstehung neuer Universen ebenso zur Tagesordnung gehört wie das tägliche Zähneputzen vor der Arbeit. Ähnlich wie in einem wohlig duftenden Schaumbad, wo immer mehr und mehr Blasen entstehen und vergehen, wäre unser Universum nur eine winzige Blase in einem gigantischen Seifenblasenuniversum. Eine Welt, die nichts weiter ist als ein unbedeutendes Bläschen unter unendlich vielen. Hoffen wir nur, dass kein Kind dieser Welt die Blase eines Tages zum Platzen bringt!

Der Vorteil des Multiversum-Modells liegt dabei unmittelbar auf der Hand, denn allein die große Anzahl an Universen würde demnach die Existenz eines einzigen Universums, das genau die passenden Eigenschaften für uns Menschen aufweist, natürlich erscheinen lassen. Unsere ursprüngliche Frage nach einer wie auch immer gearteten Feinabstimmung des Kosmos, die mehr Probleme aufzuwerfen als Lösungen anzubieten schien, würde sodann ersetzt werden durch die Frage, in welchen Theorien passende Mini-Universen wie das unsere überhaupt möglich sind. Wie Linde sagt, ist diese Frage zwar immer noch schwierig zu beantworten, erscheint am Ende aber einfacher als die Frage nach einer Feinabstimmung. Letztlich geht es darum, eine Theorie von Allem zu finden, die in der Lage ist, die schier unendliche Anzahl möglicher Universen zu beschreiben.

Eine Welt aus Fäden

Eine solch vielversprechende Theorie ist die sogenannte *Stringtheorie*, deren Ursprünge in die 60er Jahre zurückreichen und die zunächst eingeführt wurde, um Effekte der starken Kernkraft zu beschreiben. Physiker wie Leonard Susskind oder Yoichiro Nambu waren die Pioniere, die das Potenzial der Theorie erkannten und sie entschlossen weiterentwickelten. Von da an erlebte sie vor allem in den vergangenen 80er und 90er Jahren einen ungeahnten Aufschwung. Seither gilt sie als mögliche Theorie von Allem, die kein geringeres Ziel verfolgt als alle fundamentalen Grundkräfte der Natur in einem einzigen konsistenten Formalismus zu vereinen.

Die Stringtheorie geht von der verblüffenden Annahme aus, dass Teilchen nicht mehr als punktförmige Objekte wie in der klassischen Physik, sondern als eindimensionale Fäden (engl.: *strings*) beschrieben werden können. Die Fäden selbst sind winzig klein und nur von der Größe einer Planck-Länge, ungefähr ein Milliardstel, Milliardstel, Milliardstel, Milliardstel Meter. Damit sind sie viel zu klein, als dass man sie mit den heutigen technischen Mitteln auch nur annähernd beobachten könnte. Nur ein gigantischer Teilchenbeschleuniger von der Größe unserer Galaxis könnte imstande sein, die einzelnen Strings aufzulösen. Trotzdem glauben viele Physiker, dass der Mikrokosmos eher faden- als punktförmig ist.

Die Fäden selbst unterscheiden sich vor allem hinsichtlich ihres einzigartigen Schwingungsmusters. Gemäß Einsteins berühmter Formel, nach der Energie und Masse äquivalent sind, würde sich die Energie der Schwingung demnach in die Masse des Teilchens übersetzen, ähnlich wie bei einer Violine, deren Saiten in Schwingung geraten, wenn der Violinist den Pachelbel-Kanon spielt.

Der große Siegeszug der Stringtheorie hat vor allem mit einem Sorgenkind unter den Grundkräften zu tun: der Gravitation. Zwar beschreibt Einsteins Relativitätstheorie die Gravitation als Effekt einer gekrümmten Raumzeit, sie lässt sich allerdings partout nicht mit den anderen Grundkräften – der starken, schwachen und elektromagnetischen Wechselwirkung – vereinigen. Seit langer Zeit schon versuchen Generationen von Physikerinnen und Physikern deshalb, die Gravitation in das starre Korsett der Quantenphysik zu integrieren, jedoch ohne nennenswerten Erfolg. Große Probleme bereiten diese Formeln, weil einige der mathematischen Terme dabei unendlich groß werden und somit keine sinnvolle Beschreibung der Natur mehr erlauben.

> Erste Modelle der Stringtheorie entstanden in den 1960er Jahren.

An genau diesem Punkt setzt die Stringtheorie an. Das Erstaunliche an ihr ist nämlich, dass sie uns die Gravitation praktisch aufdrängt. Es ist somit vollkommen unmöglich, die Elementarteilchen als eindimensionale Fäden zu beschreiben, ohne am Ende die Gravitation automatisch mit an Bord zu haben. Scheinbar so, als ob uns der liebe Gott mit erhobenem Zeigefinger zuruft: „Vergiss auf keinen Fall die Gravitation!"

Topologisch gesehen gibt es dabei verschiedene Möglichkeiten, wie die Fäden auftreten können: entweder in offener oder geschlossener Formation. Das Graviton zum Beispiel – das hypothetische Teilchen, das die Gravitation vermitteln soll – kann mathematisch nur durch geschlossene Strings entstehen, die zu einem Ring zusammengeknüpft werden und dann zu vibrieren beginnen.

Durch die bloße Annahme, dass Teilchen aus Fäden bestehen, können wir die Gravitation also mit allen anderen Grundkräften vereinigen. Das ist mehr als bemerkenswert, denn selbst wenn es Einstein nie gegeben hätte, wüssten wir dennoch, dass die Gravitationskraft in Form von geschlossenen Vibrationszuständen der Strings existieren muss. Wenn das mal kein Grund zur Euphorie ist!

Ich erinnere mich noch sehr gut daran, als ich vor einigen Jahren meine ersten Schritte auf dem Gebiet der Stringtheorie unternahm. Ich studierte an einem Nachmittag akribisch ein bekanntes Lehrbuch, als Dutzende Seiten voller quantentheoretischer Rechnungen später plötzlich die Gravitation in den Formeln auftauchte. Ich war schockiert und beeindruckt zugleich, denn es zeigt doch, dass allein durch die Annahme, dass unsere Welt im Kleinen nicht aus punktförmigen, sondern fadenförmigen Objekten besteht, unsere physikalischen Gleichungen auf eine höhere Abstraktionsebene gelangen können, die uns eines Tages vielleicht einer Theorie von Allem ein Stück näherbringt.

Dennoch sieht sich die Stringtheorie auch harscher Kritik ausgesetzt. Schockierend an ihr ist etwa, dass sie einer 26-dimensionalen Raumzeit bedarf, damit man sie mathematisch konsistent formulieren kann. Wir Menschen an Land und die Thunfische zu Wasser leben in einer Welt mit drei Raumdimensionen und einer Zeitdimension. Wo zur Hölle stecken die anderen Dimensionen, wenn es sie denn überhaupt gibt?

Das supersymmetrische Universum

Erst Jahre später realisierten Physiker, dass die Theorie in ihrer damaligen Form noch nicht vollständig sein konnte, denn sie beschrieb lediglich die Hälfte aller Teilchenfamilien, die Bosonen, während sie die Fermionen vollkommen außer Acht ließ. Fügt man die Fermionen dieser Theorie händisch hinzu, entsteht eine ganz neue Theorie mit „supersymmetrischen" Eigenschaften, die *Superstringtheorie*. Die beiden Physiker Julius Wess und Bruno Zumino haben 1974 erstmals einen entsprechenden Aufsatz zu dem Thema veröffentlicht. [5] Das „Super" im Wort Supersymmetrie bedeutet dabei nichts weiter, als dass jedes Fermion einen entsprechenden bosonischen Partner und jedes Boson einen fermionischen Partner besitzt. Dadurch erweitert sich das sowieso schon sehr komplizierte Standardmodell der Teilchenphysik um nochmal doppelt so viele Elementarteilchen wie zuvor angenommen, was von vielen Theoretikern als schockierende Tatsache angesehen wird.

Nun leben wir allerdings in einem Universum, das alles andere als supersymmetrische Eigenschaften aufweist. Dies führen Physiker darauf zurück, dass die supersymmetrischen Eigenschaften des Kosmos kurz nach dem Urknall gebrochen wurden, was zumindest die Tatsache erklären würde, warum wir bislang noch keine supersymmetrischen Teilchen in unserer Welt entdeckt haben. Allerdings könnten zukünftige Teilchenbeschleuniger bei höheren Energien diese Teilchen erstmals aufspüren, zumindest besteht noch die leise Hoffnung, dass dies in nicht allzu ferner Zukunft gelingen wird, auch wenn die kritischen Stimmen zu ihrer Existenz in den vergangenen Jahren lauter geworden sind.

Dabei war die Entwicklung der Superstringtheorie nicht nur für die Physik von großer Bedeutung gewesen. Letztlich führte ihre Erforschung auch zu einem beispiellosen Austausch zwischen der Physik und der Mathematik. So waren Anfang der 80er Jahre nicht nur eine, sondern sogar fünf Superstringtheorien bekannt, von denen man annahm, dass es sich um unterschiedliche Theorien handeln musste. Das war lange Zeit ein großes Problem, weil unklar blieb, in welchem Zusammenhang diese Theorien zueinander stehen. Welche ist richtig und welche falsch? Zum Beispiel sind Superstringtheorien vom Typ I solche, die offene Enden besitzen, während Superstringtheorien vom Typ II mit geschlossenen Strings funktionieren. Daneben gibt es noch weitaus schwierigere Superstringtheorien wie die heterotischen Superstringtheorien oder die 11-dimensionale Supergravitation.

Dualität

Eine Dualität beschreibt eine Eigenschaft, nach der man aus Kenntnissen über die eine Theorie auf die andere zurückschließen kann. Es gibt also eine enge Beziehung zwischen den Theorien, die es erlaubt, zwischen der einen und der anderen zu wechseln.

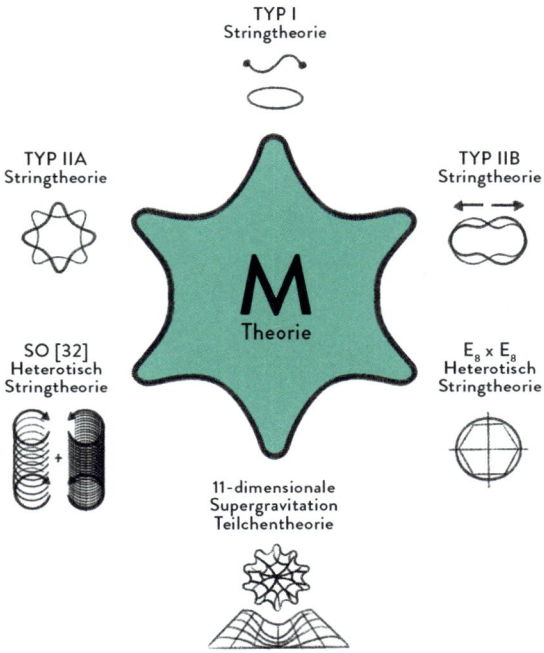

Die Superstringtheorie mit ihren verschiedenen Stringtopologien im Überblick.

Es war der talentierte US-amerikanische Physiker Edward Witten, der 1995 bei einem weltweit beachteten Vortrag die Vermutung aufstellte, dass all diese unterschiedlichen Theorien in Wahrheit miteinander verknüpft sind und sogar ineinander überführt werden können. In der Mathematik spricht man dabei von einer sogenannten *Dualität*.

Darüber hinaus behauptete Witten, dass dieses komplizierte Netzwerk an Superstringtheorien sogar verschiedene Näherungen einer noch viel umfassenderen Theorie, der *M-Theorie*, sein sollte – einer Theorie von Allem, nach der Generationen von Physikerinnen und Physikern so lange gesucht haben! Wofür genau das „M" stehen mag,

Dieser leckere Mojito veranschaulicht das Prinzip der aufgerollten Dimensionen.

darüber scheiden sich jedoch die Geister. Manche sagen, es stünde für Magic, Miracle oder Mystery, andere behaupten, es bedeutet Matrix (Ich persönlich glaube, es steht für „Mann-ist-das-kompliziert"). Doch was immer diese ominöse M-Theorie ist, fest steht, dass Wittens Forschung zugleich eine neue Ära der Superstring-Forschung einläutete, die bis heute anhält. Allerdings ist bislang immer noch keine abschließende Formulierung der M-Theorie gelungen.

Die gute Nachricht dabei ist, dass sich die Anzahl an Raumzeitdimensionen durch die Supersymmetrie von 26 auf zehn verringert – neun Raum- und eine Zeitdimension. Ein kleiner Fortschritt, könnte man meinen. Trotzdem bleibt die Frage bestehen, warum es genau dieser Dimensionalität des Kosmos bedarf und warum sich das Weltall nicht einfach mit acht, neun oder gar elf Dimensionen zufriedengibt. Eine fundamentale Theorie von Allem sollte in der Lage sein zu erklären, wie es zu genau dieser Anzahl an Dimensionen kommt, und wieso wir offensichtlich nur drei der insgesamt neun Raumdimensionen beobachten können.

Die Physiker Theodor Kaluza und Oskar Klein argumentieren hingegen, dass die zusätzlichen Dimensionen nicht beobachtet werden können, weil sie aufgerollt zu sein scheinen. Was das heißt, können Sie in Ruhe bei Ihrem nächsten Mojito-Cocktail studieren. Betrachten Sie dazu einmal genau den Strohhalm in Ihrem Getränk. Dieser ist aufgerollt und rund, doch wenn Sie den Strohhalm in weiter Entfernung platzieren, so verschwindet optisch plötzlich die aufgerollte Dimension und der Strohhalm erscheint Ihnen nur noch wie ein gerader Strich, weil sie die zusätzliche Dimension letztlich nicht mehr mit Ihren Augen auflösen können.

Ähnlich wie der Strohhalm sollten auch die anderen Raumdimensionen aufgerollt sein. Übertragen auf die Superstringtheorie würde dies erklären, warum wir all die Extradimensionen bislang noch nicht sehen konnten. Letztlich sind sie winzig klein und dazu noch aufgewickelt, sodass sie sich gut vor uns verbergen. Daher könnte die Natur tatsächlich zehndimensional sein, wobei in diesem Fall jedoch sechs der zehn Dimensionen aufgerollt – Mathematiker sagen, kompaktifiziert – sein müssen.

Die Landschaft und das Sumpfland

Die große Herausforderung der Stringtheorie liegt zugegeben darin, dass sie eine immense Anzahl an möglichen Lösungen besitzt, die jedoch alle ein unterschiedliches Universum beschreiben. Der US-amerikanische Physiker Michael R. Douglas schätzt die Gesamtzahl an potenziellen Universen sogar auf bis zu 10^{500} und mehr. [6] Das sind weitaus mehr, als es Atome im beobachtbaren Kosmos gibt (ca. 10^{80})! Die Stringtheorie bietet also eine diverse und schier unendliche „Landschaft" möglicher Paralleluniversen an – ein Begriff, der von dem theoretischen Physiker Leonard Susskind vor vielen Jahren geprägt wurde.

Demnach gibt es Universen mit verschiedenen Werten und Ausprägungen für die Naturkonstanten oder das Higgs-Feld. Einige dieser Welten scheinen für Leben wie unseres nicht gemacht zu sein. Es sind jene Universen, die kurz nach ihrer Entstehung wieder kollabieren oder sich erst gar nicht entwickeln. Der iranisch-amerikanische Physiker Cumrun Vafa hat für diese Welten den Begriff des „Sumpflandes" erfunden, womit er einen Ort meinte, an dem Leben praktisch unmöglich ist. Andere Universen wiederum weisen wesentlich günstigere Bedingungen auf und ermöglichen sogar die Entstehung von komplexen biologischen Lebensformen.

Doch was hat all dies mit unserem Problem der Feinabstimmung zu tun? Wenn die Annahme der Theoretiker tatsächlich zutrifft und wir in einem großen Blasen-Multiversum leben, mag unsere eigene Existenz plötzlich statistisch plausibel erscheinen: Wir leben statt in all den lebensfeindlichen Universen in genau dem einen Universum, das zufälligerweise die lebensfreundlichen Eigenschaften besitzt. Die mehr als unangenehme Feinabstimmung des Kosmos, die mehr Fragen aufzuwerfen als zu beantworten scheint, würde sich in dünner Luft auflösen. Darüber hinaus würde uns das Modell der ewigen Inflation von Linde, Steinhardt und Vilenkin sogar eine einzigartige Möglichkeit eröffnen, wie die vielen Welten der String-Landschaft realisiert werden könnten!

Der Stringtheoretiker und Buchautor Brian Greene drückt diesen Umstand in seinem Bestseller „Das elegante Universum" so aus: „Wenn die Stringtheorie richtig ist, dann besteht unser Universum aus einem verschlungenen, multidimensionalen Labyrinth, in dem die Fäden des Universums sich endlos verdrehen und vibrieren, während sie dabei rhythmisch die Gesetze des Kosmos wiedergeben." [7]

Letztlich scheint ausschließlich die Statistik großer Zahlen dafür verantwortlich zu sein, dass wir uns zufälligerweise in einem Universum wiederfinden, das günstige physikalische Bedingungen für Lebewesen wie uns aufweist. Der scheinbare kosmische Zufall, von dem am Anfang des Kapitels zunächst die Rede war, würde so in den unendlichen Weiten des Multiversums verpuffen. Doch was immer auch dafür gesorgt haben mag, dass wir in solch einem hypothetischen Multiversum leben, es scheint, als würden wir noch einige Zeit brauchen, bis wir die Ursprünge unseres Daseins endgültig entschlüsselt haben.

Das Kapitel in Kürze:

> Wir leben in einem auf den ersten Blick sehr fein austarierten Universum. Seien es die verschiedenen Naturkonstanten, die kosmologische Konstante oder das Higgs-Feld – alle scheinen physikalische Eigenschaften aufzuweisen, die perfekt auf unsere Bedürfnisse abgestimmt sind. Dies konstituiert ein mehr als unbequemes Feinabstimmungsproblem.
> Das anthropische Prinzip besagt, dass unsere Welt so ist, wie sie ist, denn wenn sie anders wäre, gäbe es uns womöglich erst gar nicht und folglich könnten wir über Probleme wie diese nicht nachdenken. Als wissenschaftliches Prinzip taugt es jedoch nur bedingt.
> Im Modell einer ewigen Inflation dauert die inflationäre Phase in großen Teilen des Universums noch an, während sie in manchen Bereichen bereits zum Stillstand gekommen ist. Dadurch entstehen kausal voneinander getrennte Bereiche, die als eigenständige Universen angesehen werden können.
> Die Superstringtheorie geht davon aus, dass Teilchen aus winzigen Fäden von der Größe einer Planck-Länge bestehen. Sie besitzt supersymmetrische Eigenschaften, was bedeutet, dass es zu jedem Boson (Fermion) ein entsprechendes Fermion (Boson) mit ähnlichen Eigenschaften gibt. Allerdings braucht es zehn Raumzeitdimensionen, damit die Theorie mathematisch konsistent formuliert werden kann.
> Die Stringtheorie besitzt eine schier unendliche Anzahl an möglichen Lösungen. Somit wird die ursprüngliche Frage nach einer möglichen Feinabstimmung des Universums ersetzt durch die Frage, in welchem spezifischen Universum wir tatsächlich leben. Unsere Existenz wird somit statistisch plausibel. Unsere Welt wäre nur eine von vielen in einem gigantischen Multiversum.

Teil III
Das späte Universum

Wer bin ich, und wenn ja, wie viele? Nach unserer abenteuerlichen Reise in die Frühphase des Kosmos soll es in diesem Kapitel nun um das späte Universum gehen. Mit „spät" meinen wir dabei die Zeit rund 100 Millionen Jahre nach dem Urknall, als die ersten Sterne und Galaxien das Licht der Welt erblickten. Doch wo und wann mussten welche Bedingungen vorgeherrscht haben, um die Entstehung von Leben wahrscheinlich werden zu lassen?
Um diese Frage zu beantworten, will Dominika im ersten Kapitel zunächst einen historischen Überblick über die astronomische Forschung geben und uns die immense Vielfalt an Galaxien vor Augen führen, die sich in den Weiten des Universums tummeln. Anschließend, im zweiten Kapitel, geht es um unsere eigene Galaxie: die Milchstraße. Im dritten Kapitel werfen wir schließlich einen Blick auf das Wesen der Sonne, bevor wir im letzten Kapitel die Besonderheiten der Erde als Planet und ihren Platz in Raum und Zeit erörtern.
Das Universum ist fertig gebaut, die Naturkräfte am Start. Lassen Sie uns diese neue Ära erkunden.

Entstehung der Welteninseln

Wir leben in einem Universum, in dem es Abermilliarden von Galaxien gibt. Dabei ist es keineswegs selbstverständlich, dass sich überhaupt Galaxien ausbilden konnten. Wie im zweiten Teil erwähnt, bedarf es dafür zunächst der richtigen Zusammensetzung des Kosmos und einiger erlesener Zutaten. Eine Schwarzwälder Kirschtorte kann schließlich auch nicht ohne süße Kirschen und reichlich Sahne entstehen. Dem Universum geht es da nicht anders, denn ohne die richtigen Bestandteile wären wir praktisch aufgeschmissen gewesen. Doch dürfen wir uns glücklich schätzen, denn das Universum besteht heute aus einem faszinierenden Galaxienzoo, in dem es vor unterschiedlichen Galaxienarten nur so wimmelt.

Entstehung der Welteninseln

> *Weißt du, wie viel Sternlein stehen, an dem blauen Himmelszelt?*

DIESE ZEILE AUS DEM BEKANNTEN KINDERSCHLAFLIED kennen Sie sicherlich gut und könnten spontan bestimmt auch weitersingen. Der Text dieses Liedes wurde schon im frühen 19. Jahrhundert geschrieben, vor ziemlich genau 200 Jahren. Vor 200 Jahren bestand ein Großteil der astronomischen Arbeit darin, die Objekte, die man am Himmel sah, zu zählen und zu katalogisieren. Stundenlang saßen die vielen Astronominnen und Astronomen in kalten Teleskopkuppeln herum und beobachteten den Himmel. Auch die Geschwister Caroline und William Herschel führten nächtelang gemeinsam Beobachtungen durch, notierten allerlei Sternpositionen und berechneten kosmische Distanzen. Eine der bekanntesten ersten Karten der Milchstraße geht auf die Sternzählungen von William Herschel zurück und soll die Form und Größe der Milchstraße zeigen.

Allerdings stellte man bald fest, dass nicht alle Objekte, die man mit den damals vorhandenen Teleskopen sehen konnte, wie Sterne aussahen. Immer wieder stieß man auf seltsame Objekte, die man

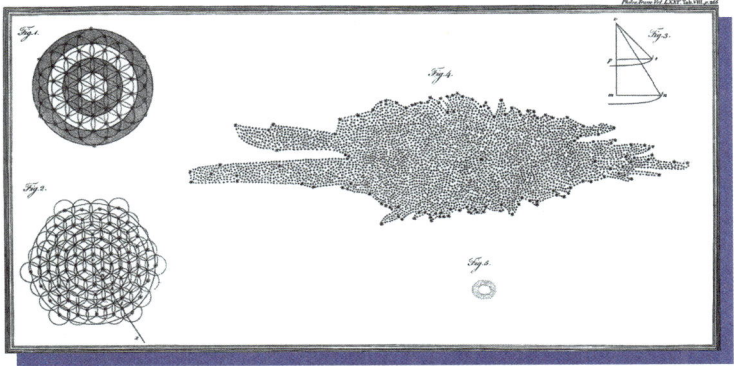

Hier im Bild: Die erste Karte der Milchstraße, die William Herschel auf Basis seiner Sternzählungen erstellte.

dem Aussehen nach *Nebel* nannte, und von denen man nicht genau wusste, was sie eigentlich waren.

Auch Charles Messier stieß bei seiner Suche nach Kometen immer wieder auf diese Objekte und begann, einen Katalog zu erstellen, den 1771 erschienenen *Catalogue des Nébuleuses et des Amas d'Étoiles* (Katalog der Nebel und Sternhaufen). Doch zu seiner Zeit war man noch weit davon entfernt anzunehmen, dass es andere Sternensysteme als unsere Milchstraße geben könnte. Dessen muss man sich bewusst werden, um zu verstehen, wie sehr sich unser Weltbild in den vorangegangenen Jahrhunderten verändert hat.

Wir werden immer kleiner

Fast zweitausend Jahre lang nahm man zumindest hier in Europa an, dass die Erde das Zentrum des Universums sei und dass der Mond, die Planeten und die Sonne die Erde umkreisen. Erst im späten Mittelalter um ca. 1500 wurde langsam akzeptiert, dass sich die Sonne und nicht die Erde im Zentrum des Sonnensystems – das Universum zu dieser Zeit – befindet und alle Planeten um ihr Zentralgestirn kreisen.

Der bekannteste Vertreter dieses „heliozentrischen Weltbildes" (von griech.: helios, die Sonne) war der polnische Astronom Nikolaus Kopernikus (1473–1543). Für uns mag dieser Perspektivenwechsel zwar nicht dramatisch erscheinen, doch wenn man jahrhundertelang die Auffassung vertritt, dass der Mensch im Mittelpunkt des Weltalls steht, müssen Kopernikus' Thesen manchem damals wie ziemlicher Humbug vorgekommen sein.

Doch dabei blieb es nicht. Der italienische Forscher Galileo Galilei (1564–1642) war einer der ersten, der astronomische Beobachtungen nicht mit bloßem Auge, sondern mit einem Teleskop durchführte. Dabei beobachtete er unter anderem, wie vier Monde den Planeten Jupiter umrundeten, und zeigte somit, dass nicht alle Objekte im Universum um die Erde kreisen. Man sah sich allmählich gezwungen, das neue heliozentrische Weltbild ernst zu nehmen und mit alten Gepflogenheiten aufzuräumen.

Außerdem konnte Galilei mit seinem Teleskop erkennen, dass einige verschwommene Objekte des Nachthimmels, die für das bloße Auge unscharf erscheinen, sich im Teleskop betrachtet zu vielen Einzelsternen auflösen, und dass selbst das helle, diffuse Band der Milchstraße, das wir in klaren Nächten erkennen können, aus vielen einzelnen Sternen besteht.

Mit fortschreitender Technologie und besseren Teleskopen begann man, ähnlich wie Caroline und William Herschel zu ihrer Zeit, die Sterne zu zählen und ihre Helligkeiten zu vermessen. Im späten 19. Jahrhundert, nachdem die Herschels ihre Zählungen beendet hatten, wurden sogar große Fortschritte beim Verständnis der Physik der nebligen Objekte gemacht, wobei man nun auch erste Strukturen erkennen konnte. Viele Nebel sahen aus wie Spiralen. Doch was waren das für Systeme? Waren es Spiralnebel in unserer Milchstraße, oder sollte das Universum vielleicht doch größer sein? Noch ahnte niemand, welch großartige Entdeckung hier vor uns lag. Allerdings war man noch nicht in der Lage, die Distanzen zu den Nebeln zu messen, dazu fehlten die Techniken. Die Theorie, dass jene Spiralnebel eigene kleine Universen darstellen, wurde bekannt als die „Island Universe Theory". Welteninseln.

Das erste kosmische Lineal

Am Ende des 19. und zu Beginn des 20. Jahrhunderts wurde am Harvard Observatory in Cambridge (Massachusetts, USA) eine Gruppe Frauen beschäftigt, die den Namen *Harvard Computers* trugen. Die Harvard Computers hatten die schwierige Aufgabe, die vielen fotografischen Platten auszuwerten, Sterne zu klassifizieren, sie nach ihrer Helligkeit zu sortieren und ihre Farben und Positionen zu bestimmen.

Bei dieser Arbeit entdeckte die Astronomin Henrietta Leavitt (1868–1921) pulsierende Sterne, deren Pulsationsperiode von ihrer Helligkeit abhängig zu sein schien. Diese Sterne können somit als eine Art Glühbirne benutzt werden, um Entfernungen im Universum zu vermessen. Wie funktioniert das?

Stellen Sie sich vor, Sie halten eine Glühbirne erst einen, dann zehn, dann 20 Meter weit von sich weg. Wie hell Ihnen diese Glühbirne erscheint, hängt von Ihrer Entfernung zu ihr ab. Die Helligkeit, die Sie aus der Ferne messen, nennt man auch scheinbare Helligkeit, und sie nimmt mit zunehmendem Abstand von der Glühbirne ab. Wenn Sie aber dank der Verpackung wissen, wie hell die Birne eigentlich ist, können Sie daraus und aus ihrer scheinbaren Helligkeit die Entfernung abschätzen. Ähnlich funktioniert es mit pulsierenden Sternen. In Analogie zur Verpackung der Glühbirne verrät uns die Pulsationsperiode hingegen, wie hell der Stern eigentlich ist. Zusammen mit der Messung der scheinbaren Helligkeit kann man dann auf den Abstand des Sterns zu uns schließen.

Bis 2022 wurden nur 4 Frauen mit dem Physiknobelpreis ausgezeichnet.

Diese bahnbrechende Entdeckung führte dazu, dass man jene sogenannten Cepheidensterne als kosmisches Lineal benutzen kann, um Distanzen zu messen. Eine Methode, die auch heute noch intensive Anwendung findet. Henrietta Leavitt sollte 1925 für den Nobelpreis vorgeschlagen werden, doch leider starb sie drei Jahre zuvor mit gerade einmal Anfang 50 an Krebs und konnte posthum nicht nominiert werden.

Wie groß ist das Universum?

Genau zu dieser Zeit, um die Jahrhundertwende von 1900, nahm die Debatte über die Größe unseres Universums schließlich Fahrt auf. Es erschienen einige Artikel, die die kühne Behauptung aufstellten, dass die spiralförmigen Welteninseln sogar eigene Galaxien seien. Galaxien wie unsere Milchstraße, nur sehr weit entfernt. Unser Universum sollte viel größer sein als die Milchstraße? Eine ganz schön mutige Behauptung. Diese Kontroversen fanden ihren Höhepunkt in der sogenannten „Great Debate" im Jahre 1920, bei der die beiden Astronomen Harlow Shapley (1885–1972) und Heber D. Curtis (1872–1942) grundlegend über die Natur der Spiralnebel diskutierten. Bei dieser Debatte, die jedoch angeblich weder besonders „great" noch eine wirkliche Debatte war, trugen die Astronomen nacheinander ihre Argumente und Meinungen zur Größe der Milchstraße und Natur der Spiralnebel vor.

Shapley argumentierte – basierend auf seinen Abschätzungen –, dass sich die Spiralnebel innerhalb der Milchstraße befänden, die Sonne sich aber nicht im Zentrum aufhalten könne, während Curtis behauptete, dass die Spiralnebel Galaxien so wie die Milchstraße seien, aber außerhalb lägen. Außerdem ging er davon aus, dass die Sonne sich im Zentrum der Milchstraße befände.

Beide hatten Recht und Unrecht zugleich. Wir wissen heute, dass die Sonne sich natürlich nicht im Zentrum der Milchstraße befindet, sondern eher im mittleren bis äußeren Bereich. Nur ein paar Jahre später, im Jahr 1924, wies Edwin Hubble (1889–1953) dann auch zweifelsfrei nach, dass sich die Spiralnebel tatsächlich außerhalb der Milchstraße befinden müssen. Dazu nutzte er die Cepheidensterne in einem Spiralnebel, wobei er feststellte, dass die Sterne in dem Nebel so weit von uns entfernt sind, dass sie sich auf keinen Fall innerhalb unserer Milchstraße befinden können.

Plötzlich ist alles so groß, unendlich groß?

Die Sicht der Menschheit auf ihren Platz im Universum änderte sich nun grundlegend. Die Ereignisse, die sich im ersten Viertel des letzten Jahrhunderts abgespielt haben, waren weit mehr als nur eine Debatte. Es ist die Geschichte der Entdeckung von der Größe und

Weite des Universums durch die Menschheit, die Geschichte einer scheinbar kleinen akademischen Meinungsverschiedenheit, deren Auflösung die Welt erschütterte. Sie denken, das klingt etwas melodramatisch? Vielleicht ist es das, aber es hat sich tatsächlich so abgespielt. Und all dies geschah vor gerade mal 100 Jahren, all diese Erkenntnisse sind noch gar nicht sehr alt.

Bewusst wird mir dies, wenn ich an meine Uroma denke. Sie wurde im Jahre 1904 geboren und starb mit fast 102 Jahren im Jahre 2006, als ich 18 Jahre alt war. Sie hat das deutsche Kaiserreich, den Ersten Weltkrieg, die Weimarer Republik und den Zweiten Weltkrieg durchlebt. Als Kind und als Teenagerin habe ich viel Zeit mit ihr verbracht und konnte mich oft mit ihr unterhalten. Damals haben wir uns nicht über die Sterne und Galaxien unterhalten, und wahrscheinlich wusste sie nicht viel über das Thema. Meine Uroma kam aus einer einfachen Arbeiterfamilie in Schlesien. Sie und ihre Familie waren wahrscheinlich mehr damit beschäftigt, ihre eigene persönliche Existenz zu sichern, als sich mit scheinbar abgehobenen Debatten über das Universum auseinanderzusetzen – abgesehen von der Tatsache, dass sie wahrscheinlich überhaupt nicht den Zugang zu diesen Informationen hatten. Außerdem wuchs sie in einer Zeit lange vor Google, Online-Nachrichten und Social Media auf. Aber dennoch: Meine Uroma wurde in einer Welt groß, in der es nur die Milchstraße gab. Im Laufe ihres Lebens hat sich das Verständnis von der Größe des Weltalls dramatisch geändert.

Der Hubble-Fluss

In den darauffolgenden Jahrzehnten des 20. Jahrhunderts kamen immer mehr Details über die wahre Gestalt des Universums ans Licht. Neben der Tatsache, dass Hubble die Ära der extragalaktischen Astrophysik einläutete, machte er zudem eine weitere richtungsweisende Beobachtung: So bestimmte er in den Jahren nach der „Great Debate" die Distanzen und Geschwindigkeiten von immer mehr Galaxien. Dabei stellten er sowie der belgische Astronom Georges Lemaître (1894–1966) fest, dass weiter entfernte Galaxien sich schneller von uns wegbewegen als nahe. Das Diagramm von Hubble, das diese Messungen zeigt, wurde weltberühmt. Zwar waren die ursprünglichen Messungen in vielerlei Hinsicht falsch, deren Essenz jedoch goldrichtig.

Nun wäre es jedoch falsch anzunehmen, dass wir im Mittelpunkt des Geschehens sitzen und beobachten würden, wie sich alles von uns wegbewegt. Wie sich durch Beobachtungen später herausstellte, ist es der Raum selbst, der sich ausdehnt (siehe Kapitel „Und es ward Licht"). Ein gängiges Bild ist folgendes: Stellen Sie sich vor, Sie malen Punkte auf einen Luftballon und blasen diesen auf. Die Punkte repräsentieren dabei die Galaxien, und alle Distanzen zwischen den Punkten werden größer und größer.

Das hat sehr praktische Implikationen. Es bedeutet nämlich, dass sich die spektralen Signaturen umso mehr ins Rote verschieben, je weiter eine Galaxie vom Beobachter entfernt ist. Entsprechend kann man die Rotverschiebung nutzen, um zu ermitteln, wie lange das Licht von einer Galaxie unterwegs war, bis wir es auf der Erde beobachten können. Das Licht von Galaxien mit einer höheren Rotverschiebung war entsprechend länger unterwegs, was bedeutet, dass die Galaxien weiter entfernt sind.

Rotverschiebung

Die Rotverschiebung dient als Maß dafür, wie weit wir in die Vergangenheit zurückblicken. Sie ist jedoch keine lineare Größe. Eine Rotverschiebung von beispielsweise 0,1 entspricht einem Blick in die Vergangenheit von ca. 1,3 Milliarden Jahren, eine Rotverschiebung von 1,0 ca. 7,8 Milliarden Jahren und eine Rotverschiebung von 10 ca. 13,2 Milliarden Jahren.

Galaxien, überall Galaxien!

Wie in vielen anderen Disziplinen prägten neue und bessere Teleskope, Kameras und Auswertungsverfahren die Zeit. Skurrile Objekte wurden entdeckt, mitunter solche, die ziemlich merkwürdig aussahen und nicht in bestehende Muster passten. Später stellte sich heraus, dass einige dieser Objekte tatsächlich auch Galaxien waren, in deren Zentren sich stetig wachsende supermassereiche Schwarze Löcher befanden. Galaxien mit solchen sogenannten Aktiven Galaktischen Kernen (im Englischen: AGN, *active galactic nuclei*) können in Aufnahmen manchmal sehr sonderbar aussehen und zum Beispiel wie Sterne in der Milchstraße erscheinen. In diesem Zusammenhang werden heutzutage systematische Himmelsdurchmusterungen durchgeführt, bei denen Teleskope mit der alleinigen Aufgabe betrieben werden, den Himmel nach diesen Objekten zu durchforsten.

Eines der bekanntesten Projekte ist der Sloan Digital Sky Survey (SDSS). Dieses Projekt wurde Ende der 1990er konzipiert und nutzt für seine Beobachtungen ein eigenes Teleskop mit einem Spiegeldurchmesser von 2,5 Metern, das sich in New Mexico, USA, befindet. Seit über 20 Jahren durchmustert es systematisch den Himmel und hat dabei bisher ca. eine Milliarde Galaxien aufgenommen. Gleichzeitig wird ein Spektrograph benutzt, um die Spektren von einigen ausgewählten Galaxien zu sichten!

Jede Nacht werden von Teleskopen weltweit hunderte Gigabytes an Daten produziert. Wir befinden uns derzeit jedoch in der luxuriösen Situation, dass wir – anders als Hubble vor gerade mal 100 Jahren – nicht alle Aufnahmen und jeden Datensatz mit eigenen Augen betrachten müssen, was bei diesen Mengen auch gar nicht möglich wäre. In Einzelfällen ist das natürlich trotzdem notwendig, wobei die händische Analyse nicht zu unterschätzen ist.

Es gibt sogar sogenannte Citizen-Science-Projekte, bei denen man sich als Laie anmelden kann, um Galaxien zu klassifizieren.

Das bekannteste Projekt in der Astronomie ist der sogenannte GalaxyZoo [1]. Probieren Sie es einmal selbst. Sie bekommen wunderschöne Bilder von Galaxien und explizite Fragen dazu vorgelegt. Mit Ihren Antworten können Sie der astronomischen Forschung sehr helfen.

Vom Beobachten zum Verstehen

Der SDSS hat unseren Blick auf das Universum revolutioniert. Millionen neuer Galaxienbilder führen uns die Schönheit, Diversität und Systematik unseres Universums vor Augen. Da gibt es Scheibengalaxien mit mehr oder weniger ausgeprägten Spiralarmen sowie Galaxien, die eine elliptische Form besitzen. Hinzu gesellen sich noch irreguläre Galaxien, die offenbar durch den Zusammenstoß mit einer anderen Galaxie gehörig aus der Form gebracht wurden.

Es gibt eine Vielzahl an Galaxienformen und -farben: Spiralgalaxien, Balkenspiralgalaxien und Elliptische Galaxien.

> **Klassifizierung von Galaxien**
>
> Historisch gesehen werden Galaxien basierend auf ihrem Aussehen im Optischen klassifiziert und in die Kategorien der Spiralgalaxien mit und ohne Balken, der Sphärischen und Elliptischen Galaxien und der Irregulären Galaxien eingeteilt. Um weitere Unterschiede zwischen den Galaxienarten zu identifizieren, gibt es heutzutage eine Reihe an Klassifizierungsmethoden basierend auf Galaxienfarben oder Sternentstehungsraten.

Nicht alle Galaxien sind gleich groß und schwer. Es gibt kleine Zwerggalaxien und sehr große elliptische Galaxien, die 10.000-mal schwerer sein können als die Zwerggalaxien. Darüber hinaus scheinen Galaxien unterschiedliche Farben zu haben. Spiralgalaxien wirken eher bläulich, elliptische Galaxien sind dafür tendenziell röter. Insgesamt ist die Milchstraße im Zoo der Galaxien eher durchschnittlich im Hinblick auf ihre Größe, ihre Masse und die Art, wie in ihr Sterne entstehen.

Was wir bisher verschwiegen haben, ist, dass sich alle Galaxien, die im Rahmen des SDSS aufgenommen wurden, in relativer Nähe zur Milchstraße befinden. Das liegt daran, dass die Daten mit einem Teleskop erfasst wurden, das gerade mal einen Durchmesser von 2,5 Metern hat. Der große Vorteil dieses Teleskops ist, dass es in relativ kurzer Zeitspanne von wenigen Jahren den gesamten Nordhimmel kartieren konnte.

Die heutigen Riesenteleskope – das JWST miteingeschlossen – eröffnen uns den Blick in das frühe Universum. Wir sehen, wie Galaxien aussahen, als das All gerade in seinen Kinderschuhen steckte.

Spektroskopische Daten geben uns Aufschluss darüber, wie weit von uns entfernt sich einzelne Galaxien befinden. Mithilfe ihrer Spektren kann man die Rotverschiebungen abertausender Galaxien bestimmen und daraus große dreidimensionale Galaxienkarten erstellen. Diese zeigen, dass die Materie bei Weitem nicht gleichmäßig

Entstehung der Welteninseln

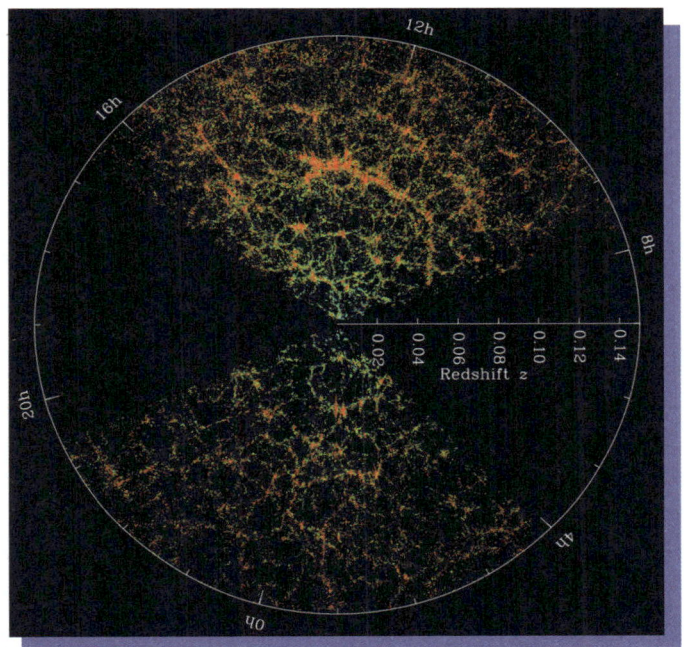

Die räumliche Verteilung der Galaxien, die im Rahmen des SDSS beobachtet wurden. Galaxien sind in einem kosmischen Netz angeordnet.

verteilt ist, sondern dass Galaxien in gebündelten Strukturen organisiert sind, die man kosmisches Netz (im Englischen: cosmic web) nennt. Dabei gibt es Galaxiengruppen und -haufen, die über fadenartige Strukturen, sogenannte Filamente, miteinander verbunden sind. Im noch größeren Maßstab scheint das Universum schließlich homogen zu sein. Diese Perspektive wird oft als „The End of Greatness" bezeichnet.

All diese Beobachtungen werfen eine lange Liste an Fragen auf: Warum organisieren sich Galaxien innerhalb dieses kosmischen Netzes? Warum sehen manche Galaxien aus wie Spiralen, andere wie Ellipsen? Warum sind Spiralgalaxien blauer, elliptische dagegen röter? Und wie entstehen Galaxien eigentlich?

Den ersten Sternen und Galaxien auf der Spur

Im zweiten Buchteil haben wir dargestellt, wie sich das All in den ersten 400.000 Jahren seiner Existenz entwickelt hat. Zu dieser Zeit war es bereits so weit abgekühlt, dass Elektronen und Protonen zu stabilen Atomen verschmolzen und das Licht der kosmischen Hintergrundstrahlung dadurch seinen Weg durch Raum und Zeit antreten konnte. Jedoch dauerte es noch ein paar Millionen Jahre, bis die ersten Sterne auftauchen sollten. Die Zeitspanne zwischen der Entstehung der kosmischen Hintergrundstrahlung und der ersten Sterne wird als dunkles Zeitalter (engl.: dark ages) bezeichnet, da es noch keine Lichtquellen gab und das junge Weltall vollkommen finster war.

Vor allem die dunkle Materie spielte in diesem Zeitraum bei der Entstehung der ersten Galaxien eine entscheidende Rolle, denn sie lieferte die nötige Masse, um genug baryonische Materie aus der Umgebung anzuziehen. So wuchsen im Lauf der Zeit die Dichtefluktuationen weiter an, bis die dunklen Halos groß genug waren, damit sich in ihnen die Galaxien ausbilden konnten.

Da jenes Gas rotierte, ordnete es sich in einer scheibenförmigen Struktur an. Es musste jedoch zuerst abkühlen, bevor es an bestimmten Punkten Klumpen bilden konnte, weil die thermische Energie der Eigengravitation stets entgegenwirkt. Üblicherweise kühlt das interstellare Gas ab, indem Atome durch Stöße angeregt werden und ihre Anregungsenergie schließlich abstrahlen. Dieser Prozess bedarf jedoch höherer chemischer Elemente, die es im frühen Universum noch nicht gab – das Universum bestand zu diesem Zeitpunkt fast ausschließlich aus Wasserstoff und Helium. Wir stehen vor einem zyklischen Dilemma: Damit sich Sterne bilden können, braucht es eigentlich schwerere chemische Elemente, die jedoch erst in den Hochöfen der ersten Sterne gebildet wurden. Die Natur löste das Problem dadurch, dass die ersten Sterne – die man auch Population-III-Sterne nennt – wahrscheinlich extrem groß, heiß und somit massereich waren. Heute gehen wir davon aus, dass sie sogar 100- bis

Entstehung der Welteninseln

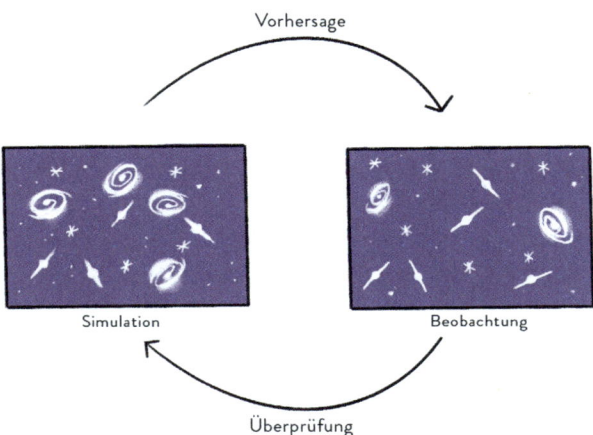

Durch das Wechselspiel aus Theorie und Praxis ergeben sich immer wieder wertvolle Erkenntnisse für die Wissenschaft.

1000-mal so massereich wie unsere Sonne gewesen sein könnten, woraus folgt, dass sie eine nur sehr kurze Lebensdauer von wenigen Millionen Jahren hatten. Anschließend explodierten sie und reicherten ihre Umgebung mit schweren Elementen an. Die nachfolgenden Sternengenerationen ähnelten somit immer mehr den Sternen, die auch heute unser Universum bevölkern.

Leider konnten die Population-III-Sterne bislang noch nicht beobachtet werden, weil sie zu weit entfernt sind. Dennoch gibt es vielversprechende Indizien für ihre Existenz in den JWST-Daten.

Da die ersten Sterne extrem heiß und massereich waren, emittierten sie große Mengen an UV-Strahlung. Durch diese Strahlung wurde im Lauf der Zeit ein Großteil des Wasserstoffes im Weltall ionisiert. Wir befinden uns im Zeitalter der Reionisation, das vor ca. 12,8 Milliarden Jahren abgeschlossen war.

Die soeben dargestellten physikalischen Vorgänge sind bis heute noch nicht vollständig verstanden. Die Entstehung der Galaxien ist ein komplizierter Prozess, und diesen im Einzelnen zu begreifen, wird weiterer numerischer Simulationen und Beobachtungen bedürfen.

Galaxien früher und heute

Schaut man sich Galaxien aus früherer Zeit an, stellt man fest, dass es damals tatsächlich weniger rote Galaxien gab als heute. Galaxien sahen im frühen Universum ganz anders aus, sie waren kleiner, blauer und eher scheibenförmig als elliptisch. Mithilfe von numerischen Simulationen können wir uns dann verschiedene Szenarien anschauen und Rückschlüsse ziehen, wie sich blaue zu roten Galaxien entwickelten. Beispielsweise kann man anhand der Farben von Galaxien darauf schließen, dass es in Scheibengalaxien mehr junge Sterne im Alter von nur ein paar Millionen Jahren gibt. Diese jungen Sterne sind sehr heiß und erscheinen in optischen Teleskopaufnahmen bläulich.

In elliptischen Galaxien hingegen findet man hauptsächlich alte Sterne, die schon mehrere Milliarden Jahre alt sind. Diese Sterne strahlen hauptsächlich im Roten, weswegen elliptische Galaxien rötlich aussehen. Im astronomischen Fachjargon spricht man tatsächlich davon, dass elliptische Galaxien „red and dead" (deutsch: rot und tot) sind. Elliptische Galaxien scheinen sich außerdem erst später entwickelt zu haben, als Spiralgalaxien miteinander kollidierten.

Wie Galaxien entstehen und sich entwickeln, sind zentrale Fragen der modernen Astrophysik. Welche Prozesse führen dazu, dass es in einer Galaxie nur noch alte Sterne gibt und keine neuen mehr geboren werden? Wie schnell passiert dieser Übergang? Und gibt es auch andere Entwicklungswege? Da wären wir nun mittendrin in der Galaxienentwicklung, die wir an dieser Stelle jedoch nicht weiterverfolgen wollen.

Genau deswegen sind die Beobachtungen des JWST so aufregend, denn mit ihm können wir zum ersten Mal überhaupt Galaxien beobachten, die existierten, als das Universum gerade mal ein paar hundert Millionen Jahre alt war. Ob und inwieweit die Beobachtungen mit

> Sterne in elliptischen Galaxien sind im Durchschnitt älter als Sterne in Scheibengalaxien.

den numerischen Simulationen übereinstimmen und welche Implikationen dies für das Standardmodell der Kosmologie hat, bleibt abzuwarten.

Wie eingangs erwähnt, wurde unser Bild vom Universum in weniger als 100 Jahren komplett auf den Kopf gestellt. Damals glaubten wir, es gäbe nur eine einzige Welt, die Milchstraße. Sie war unser ganzes Universum! Heute sind uns Milliarden Galaxien bekannt, einige größer, einige kleiner, manche älter, manche jünger als die Milchstraße. Beim Betrachten der Daten kann man eigentlich nur pure Gänsehaut bekommen. Jede einzelne Galaxie besteht aus Milliarden Sternen und vielen Planeten. Kleine Welteninseln.

Das Kapitel in Kürze:

> Zu Beginn des 20. Jahrhunderts wusste man noch nicht, dass neben der Milchstraße noch viele weitere Galaxien existieren. Diese wurden erst durch die Entwicklung besserer Teleskope und Messmethoden sichtbar.
> Die Galaxien sind nicht homogen im Universum verteilt, sondern in Filamenten, Gruppen und Haufen angeordnet. Zusammen spannen sie ein kosmisches Netz auf.
> Das kosmologische Standardmodell und die Beobachtungen lassen darauf schließen, dass die ersten Galaxien sich an jenen Orten im Universum entwickelt haben, wo die Dichte der Materie etwas höher war als im Mittel.
> Galaxien können verschiedene Farben, Formen und Größen besitzen. Zum Beispiel gibt es bläulich erscheinende Spiral- bzw. Scheibengalaxien und rötlich erscheinende elliptische Galaxien. Im frühen Universum waren Galaxien kleiner, blauer und häufiger scheibenförmig als elliptisch. Die Forschung versucht nachzuvollziehen, wie und warum diese Entwicklung passiert ist.
> Dabei spielen unter anderem Heiz- und Kühlvorgänge, Gravitationswechselwirkungen und Phänomene des Strahlungstransports eine große Rolle, die zum Teil bisher nur wenig verstanden sind.

Die schlafende Galaxie

Unsere Milchstraße ist eigentlich nichts Besonderes, eine Spiralgalaxie wie tausende andere. Doch ist sie in vielen Aspekten die Galaxie, die wir am besten kennen und verstehen und in der wir sogar „galaktische Archäologie" betreiben können. Die Milchstraße hat schon einige aufregende Zeiten hinter sich. Wir erleben sie – zum Glück – in einer verhältnismäßig „ruhigen" Zeit ihres langen Lebens. Das supermassereiche Schwarze Loch in ihrem Zentrum ist in einen tiefen Winterschlaf gefallen und auch deswegen gibt es glücklicherweise Bereiche, an denen es sich für uns ganz gut aushalten lässt.

DIE MILCHSTRASSE, THE MILKY WAY, la voie lactée: ein ungewöhnlicher Name für eine Galaxie. Oder vielleicht auch nicht, denn das Wort „Galaxie" selbst kommt aus dem Griechischen und bedeutet so viel wie milchiger Kreis. Unsere Milchstraße ist also eigentlich DIE Galaxie! Manchmal wird tatsächlich das Wort Galaxis genutzt, wenn man die Milchstraße meint. Dass die Nomenklatur so verwirrend ist, rührt daher, dass bis vor gerade einmal 100 Jahren die Galaxis, also die Milchstraße, die einzige bekannte Galaxie für die Menschheit war. Aber die Milchstraße ist nur eine unter Milliarden anderer Galaxien im Universum.

Der Blick zum Nachthimmel in einer dunklen, klaren Nacht lässt uns dennoch erahnen, woher der Begriff Milchstraße kommen mag. Weit weg von Städten, Flughäfen und großen Straßen – am besten irgendwo auf dem Land oder in den Bergen, wo die Lichtverschmutzung durch künstliche Beleuchtung am geringsten ist – erkennt man ein helles Band, das sich über den gesamten Nachthimmel zieht. Auf der Südhalbkugel der Erde ist dieses helle Band sogar noch imposanter, wie eine milchige Straße am Nachthimmel eben.

Vergossene Milch am Himmel?

Laut einer antiken griechischen Sage hat der Göttervater Zeus eines seiner Kinder, das aus einem seiner vielen Seitensprünge hervorging, bei seiner göttlichen Frau Hera an der Brust trinken lassen, als diese schlief. Als sie aufwachte und dies bemerkte, soll sie das Kind von sich weggestoßen und dabei Milch verspritzt haben. Für die alten Griechen waren die Sterne unserer Milchstraße ein göttliches Milchband.

Es hat wirklich etwas Berührendes, wenn wir dieses helle Band betrachten, denn die Milchstraße ist unser Zuhause. Die erste Galaxie, die wir kannten, und in vielerlei Hinsicht die, die wir am besten verstehen. Dank unzähliger Sternzählungen, die seit Menschengedenken erst mit den bloßen Augen, dann mit den ersten Teleskopen

Gesamtansicht unserer Milchstraße, basierend auf Messungen von fast 1,7 Milliarden Sternen des Gaia-Satelliten. Die Karte zeigt die Gesamthelligkeit und Farbe der Sterne, die der ESA-Satellit zwischen Juli 2014 und Mai 2016 beobachtet hat.

und heute systematisch mit Hochleistungssatelliten durchgeführt werden, wissen wir, dass die Milchstraße eine scheibenförmige Spiralgalaxie mit wahrscheinlich vier Spiralarmen ist. Allein das herauszufinden ist alles andere als einfach, denn die Struktur der Milchstraße zu entschlüsseln ist wie die Karte eines Waldes zu erstellen, während man selbst mitten im Wald steht.

Man sieht den Wald vor lauter Bäumen nicht. Oder doch?

Die Erkenntnisse und das Wissen, das wir über unsere Galaxis besitzen, sind das Ergebnis vieler Beobachtungen und intelligenter Berechnungen. Insbesondere hat Gaia, ein Satellit der ESA, in den letzten Jahren zum Verständnis des Aufbaus und der wilden Vergangenheit unserer Milchstraße beigetragen. Bei Gaia handelt es sich um ein Weltraumteleskop, das im Jahr 2013 gestartet ist und die Aufgabe hat, den Himmel im Detail zu vermessen. Dabei macht es sich das schlaue Prinzip der sogenannten Parallaxe zunutze. Denn je nach Position des Satelliten scheinen Objekte am Himmel an einer leicht anderen Himmelsposition zu liegen.

Diesen Effekt kann man sehr gut selbst simulieren: Strecken Sie Ihren Zeigefinger aus und halten ihn vor Ihre Augen. Nun decken Sie abwechselnd das rechte und dann das linke Auge ab. Sehen Sie, wie der Finger an einer anderen Stelle erscheint und wie er von links nach rechts „hüpft"? Wenn Sie den Finger ganz nah an Ihr Gesicht halten, ist der Sprung sogar ziemlich groß. Je weiter weg Sie den Finger halten, desto kleiner wird der Sprung. Kennt man nun den Abstand zwischen den Augen und weiß, wie weit der Finger springt, kann man durch einfache Geometrie auf den Abstand des Fingers zum Auge schließen.

Wie das James Webb Telescope kreist auch Gaia um den Lagrange-Punkt L2!

Diesen Effekt können wir uns auch in der Astronomie zunutze machen: Aufgrund der Rotation der Erde um die Sonne erscheinen Sterne je nach Jahreszeit (und damit auch nach Blickwinkel) an einer geringfügig anderen Himmelsposition. Aus diesem kleinen Unterschied lässt sich auf die Entfernung dieser Sterne schließen. Gaia wurde konstruiert, um die Entfernungen und Positionen von Sternen in der Milchstraße mit bisher unerreichter Genauigkeit zu bestimmen und gleichzeitig ihre Geschwindigkeiten und spektralen Eigenschaften zu messen. Die Daten, die im Juni 2022 veröffentlicht wurden, führten zu einem Sternkatalog mit Einträgen für sage und schreibe 1,8 Milliarden Objekte [1]! Eine beachtliche Errungenschaft der modernen Astronomie. Galilei, Herschel und Leavitt wären sicher sprachlos und grün vor Neid.

Archäologie in der Milchstraße

Durch diese dreidimensionalen Karten ist es sogar möglich, Überreste von Galaxien zu sehen, die vor ca. zehn Milliarden Jahren mit der Milchstraße kollidiert und verschmolzen sind. Ein Beispiel ist die Zwerggalaxie Gaia-Enceladus, auch Gaia-Wurst (*Gaia Sausage*) genannt. Obwohl dieses Ereignis schon so lange her ist, haben die Sterne dieser Zwerggalaxie ihre „Erinnerung" an ihren Ursprung behalten und bewegen sich auf besondere Weise durch die Milchstraße [2].

Mithilfe moderner Messungen ist es mittlerweile sogar möglich, „galaktische Archäologie" zu betreiben. Das bedeutet, dass man in den uns zur Verfügung stehenden Daten nach konkreten Hinweisen auf Ereignisse in der Vergangenheit der Milchstraße suchen kann. Doch bevor wir in solche Details eintauchen, wollen wir zunächst einige Eigenschaften der Milchstraße besprechen.

Sie ist eine Scheibe

Wie zu Beginn des Kapitels erwähnt, wissen wir aus mehreren Himmelsdurchmusterungen, dass unsere Milchstraße eine scheibenförmige Galaxie ist. Die Sonne und somit auch die Erde sind Teil dieser Scheibe. Das helle Band, das wir am Nachthimmel mit bloßen Augen sehen, ist der Querschnitt der Scheibe, durch die wir hindurchblicken. Das diffuse Leuchten entsteht durch Milliarden von Sternen, die sich in der Scheibe befinden. Alle anderen Sterne am Himmel, die nicht Teil dieses Bandes sind und die wir als helle Punkte sehen können, sind natürlich auch Sterne unserer Galaxis, aber da es sich um sehr nahe Sterne handelt, erscheinen sie für uns über den ganzen Nachthimmel verteilt.

Die Scheibe der Milchstraße besteht aus Sternen, Sternhaufen, Staub und fast dem gesamten Gas – hauptsächlich Wasserstoff –, das in der Milchstraße vorhanden ist. Sie ist der Ort, an dem noch heute

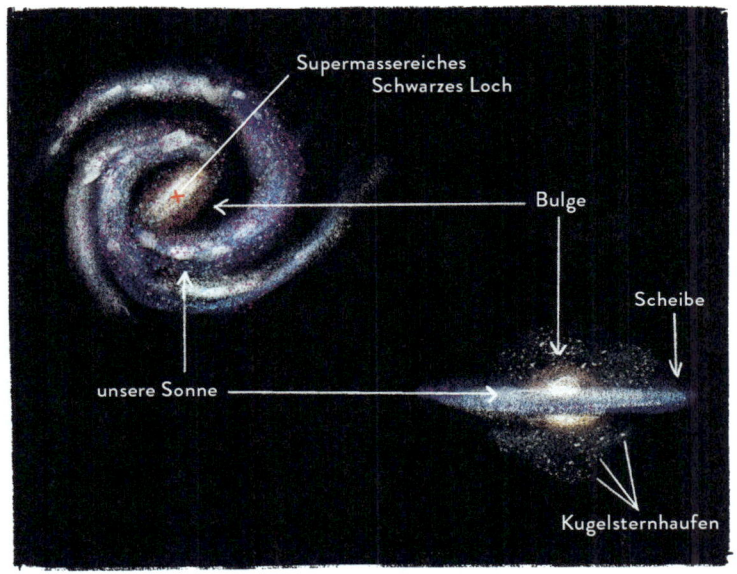

Schematische Ansicht der Milchstraße und ihrer Komponenten.

neue Sterne aus Molekülwolken geboren werden – im Durchschnitt ungefähr ein Stern mit einer ähnlichen Masse wie unsere Sonne pro Jahr. Der Radius der Scheibe beträgt etwa 15 Kiloparsec, was gut 50.000 Lichtjahren entspricht. Selbst wenn wir mit Lichtgeschwindigkeit reisen könnten, würden wir stolze 100.000 Jahre benötigen, um die Milchstraße komplett zu durchqueren, Stopps für Fotos und Sightseeing nicht mit eingerechnet.

Die Sonne befindet sich rund acht Kiloparsec vom Zentrum der Milchstraße entfernt und umrundet es mit einer Geschwindigkeit von 250 Kilometern pro Sekunde – zusätzlich zur Rotation der Erde um die Sonne. Faszinierend eigentlich, dass uns von all den Drehbewegungen nicht schwindlig wird. Von der Südhalbkugel aus ist es besser zu erkennen, aber in sehr klaren Nächten kann man auch bei uns sehen, dass das Band der Milchstraße, also die Scheibe, nicht überall gleich dick und hell erscheint. Insbesondere gibt es einen

Galaktisches Zentrum

Oft wird Sagittarius A* als Name für das Zentrum der Milchstraße benutzt. Diese Bezeichnung ist historisch und geht auf die ersten Beobachtungen des Zentrums zurück, die eine starke Radioquelle an der Position verorteten.

Abschnitt, der nicht nur dicker, sondern auch dunkler erscheint. Wenn wir diesen Abschnitt anschauen, schauen wir geradewegs in Richtung des Milchstraßenzentrums. Dort gibt es eine etwas dickere Komponente der Milchstraße, die *Wulst* bzw. *Bulge* genannt wird. Der direkte Blick ins Zentrum der Milchstraße allerdings ist mit bloßen Augen, die ja im Optischen funktionieren, nur bedingt möglich, da große Mengen an Staub die Sicht blockieren. Deswegen erscheint das Milchstraßenband in dieser Richtung dunkler.

Wie im Kapitel „Das Tor zur Unendlichkeit" beschrieben, hilft uns in solchen Fällen oft nur der Blick durch ein Infrarotteleskop, denn Infrarotlicht wird nicht vom Staub absorbiert, sondern wandert geradewegs hindurch. Auf Infrarotbildern des galaktischen Zentrums sieht man dann, dass sich dort sehr, sehr viele Sterne befinden. Das Zentrum der Milchstraße beherbergt aber noch eine weitere Besonderheit: ein supermassereiches Schwarzes Loch.

Ein kosmischer Staubsauger? Eher nicht.

Obwohl sich der Begriff „Schwarzes Loch" vielleicht ein wenig unheimlich und nach Science-Fiction anhören mag, sind Schwarze Löcher eigentlich relativ simple Objekte. Das Besondere an ihnen ist, dass sie sehr kompakt sind und dass sich sehr viel Masse in einem kleinen Volumen befindet. Das führt dazu, dass die Gravitation in ihrer direkten Umgebung sehr groß ist. Vielleicht sind Sie schon einmal auf einem Trampolin gesprungen. Sie springen hoch und

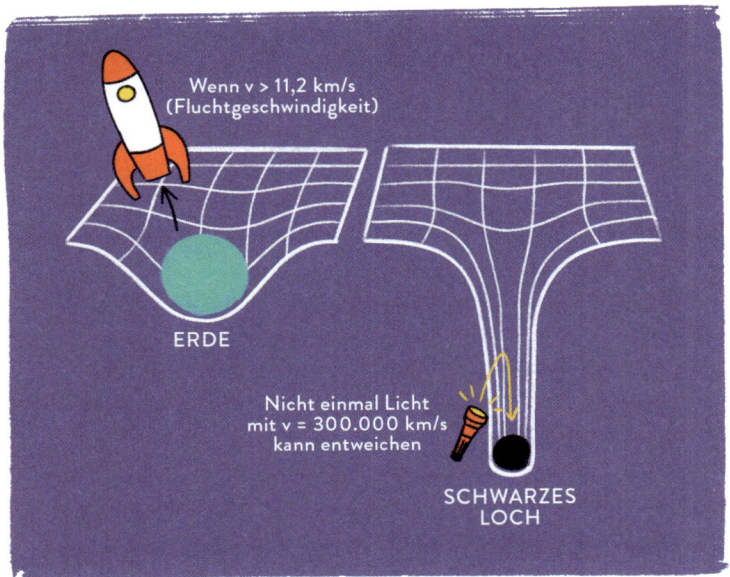

Ein Schwarzes Loch beeinflusst seine nähere
Umgebung durch seine Gravitation erheblich.

landen dann wieder auf dem Netz. Das Aufkommen auf dem Boden verdanken Sie der Anziehungskraft der Erde. Bestimmt hatten Sie beim Trampolinspringen keinerlei Bedenken, dass Sie einfach abheben würden.

Eine Rakete hingegen kann – anders als beim Trampolinspringen – der Anziehungskraft der Erde entkommen. Das ist jedoch sehr aufwendig, denn bei einem Raketenstart wird unheimlich viel Treibstoff verbraucht, um die Rakete auf eine ausreichend hohe Geschwindigkeit zu beschleunigen, sodass sie nicht wieder auf die Erde zurückfällt.

Der Unterschied zwischen einem Trampolinspringer und einer Rakete ist, dass die Rakete schnell genug ist, um der Schwerkraft der Erde zu entfliehen. Das ist zwar teuer, aber nicht unmöglich.

Ein Schwarzes Loch ist nun aber so massereich und so kompakt, dass selbst Licht, das sich mit Lichtgeschwindigkeit ausbreitet, dem Schwarzen Loch nicht entkommen kann. Deswegen strahlen Schwarze Löcher praktisch nicht, was ihnen ihren Namen verliehen hat. Dieser Einfluss durch die Gravitationskraft nimmt allerdings recht schnell mit der Entfernung ab, sodass – wenn man einem Schwarzen Loch nicht zufällig sehr nahe kommt – man dessen Existenz fast nicht spürt.

Schwarze Löcher sind faszinierende Objekte, da besonders in ihrer unmittelbaren Umgebung aufgrund der extrem hohen Schwerkraft verschiedene skurrile Effekte auftreten. Schwarze Löcher sind aber auch ganz normale Bestandteile des Universums. Kleinere Schwarze Löcher können beispielsweise am Lebensende von Sternen entstehen. Große, supermassereiche Schwarze Löcher hingegen sind Teil jeder massereichen Galaxie. Ihre Existenz und Entwicklung sind eng mit der Galaxie selbst verknüpft.

Kepler zeigt es uns

Die Existenz des supermassereichen Schwarzen Loches in der Milchstraße ist mittlerweile unanfechtbar nachgewiesen [3,4]. Erste Hinweise darauf, dass das Zentrum der Milchstraße ein ungewöhnliches Objekt beherbergen könnte, gab es bereits in den 70er Jahren. Man begann dann in den 1990er Jahren damit, in regelmäßigen Abständen die Sterne ganz nah am galaktischen Zentrum zu beobachten. Bei jeder dieser Aufnahmen befinden sich die Sterne an leicht anderen Positionen. Anhand dieser Beobachtungen sieht man, dass sich die Sterne sehr schnell und auf elliptischen Bahnen bewegen. Ein besonderer Stern, der sogenannte S2, befindet sich auf einer Bahn, die innerhalb eines Zeitraums von 20 Jahren das Zentrum einmal komplett umrundet. Diese Bewegungen lassen darauf schließen, dass sich im Zentrum der Galaxie eine große Masse befindet. Wie kann man diese berechnen?

Kepler fand seine Gesetze im frühen 17. Jahrhundert.

Die schlafende Galaxie

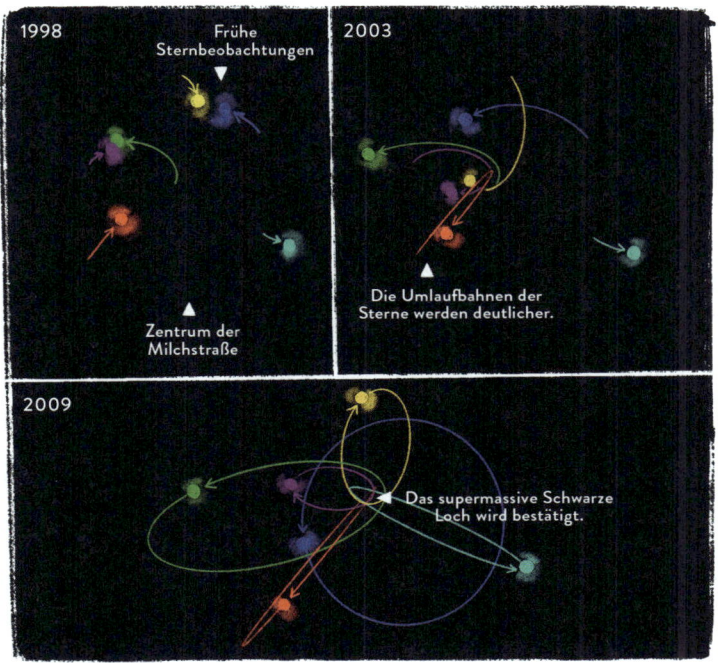

Illustration der beobachteten Bahnen der Sterne in direkter Umgebung um das Schwarze Loch im Zentrum der Milchstraße. Unter anderem anhand der Bahnen, die über einen Zeitraum von über 20 Jahren beobachtet wurden, und der Sterngeschwindigkeiten kann man auf die Masse des Schwarzen Loches schließen.

Dafür sind die Keplerschen Gesetze sehr hilfreich, die zwar ursprünglich für das Sonnensystem formuliert wurden, sich aber auch auf Systeme übertragen lassen, in denen kleine Objekte eine extrem große Masse umkreisen. Das erste Keplersche Gesetz besagt, dass sich die Planeten auf elliptischen Bahnen um die Sonne bewegen. Das zweite Keplersche Gesetz lautet, dass sich ein Planet umso schneller bewegt, je näher er sich an der Sonne befindet. Das dritte Gesetz stellt einen Zusammenhang zwischen der Umlaufzeit und der Größe der Ellipse her.

Es ist das dritte Keplersche Gesetz, das für die Berechnung der Masse im Zentrum der Milchstraße besonders nützlich ist. Indem wir die Zeit stoppen, die ein Stern für eine komplette Umrundung braucht, und zusätzlich die Größe seiner Bahnellipse vermessen, kann man auf die Zentralmasse schließen. Die Beobachtungen aus den 90er Jahren lassen nur einen Schluss zu: Das Schwarze Loch muss ca. 4,3 Millionen Sonnenmassen besitzen. Gleichzeitig wissen wir, dass das Objekt nicht größer sein kann als die Bahnellipse von S2. Es handelt sich hier also um eine sehr große Masse in einem sehr kleinen Volumen.

Auf Basis dieser Beobachtungen lässt sich schließen, dass es sich tatsächlich um ein supermassereiches Schwarzes Loch handeln muss, das sich im Zentrum der Milchstraße befindet. Für diese Erkenntnisse wurde im Jahr 2020 der Nobelpreis für Physik vergeben, unter anderem an den deutschen Astronomen Reinhard Genzel (München) und die US-amerikanische Physikerin Andrea Ghez (Los Angeles). Beide Teams haben über Jahrzehnte hinweg ähnliche Beobachtungen durchgeführt und sind zu den gleichen Schlussfolgerungen gekommen.

Im Mai 2022 wurde darüber hinaus die erste direkte Aufnahme des Schattens des Schwarzen Loches im Zentrum der Milchstraße präsentiert. Diese Aufnahme wurde mithilfe mehrerer Radioteleskope auf der ganzen Welt gemacht, die virtuell zusammengeschaltet wurden.

Schwarze Löcher überall

Wie eben erwähnt, besitzt nicht nur die Milchstraße ein großes Schwarzes Loch in ihrem Zentrum, sondern wahrscheinlich alle massereichen Galaxien im Universum. Das Schicksal massereicher Schwarzer Löcher und ihrer Galaxien ist eng miteinander verknüpft. Denn supermassereiche Schwarze Löcher durchlaufen ab und an aktive Phasen, in denen eine große Menge an Staub und Gas auf

> ### Nachweis von Schwarzen Löchern
>
> Schwarze Löcher in anderen Galaxien können durch ihren gravitativen Einfluss, den sie auf das Gas und die Sterne in ihrer direkten Umgebung haben, nachgewiesen werden. Man beobachtet dabei, dass Gas und Sterne sich schneller bewegen als erwartet, was durch eine kompakte Masse in den Galaxienzentren erklärt werden kann.

sie einfällt. Dadurch wachsen sie, werden größer und massereicher. Bei diesem Prozess wird das gesamte Material in unmittelbarer Umgebung des Schwarzen Loches so stark aufgeheizt, dass Unmengen an Strahlung freigesetzt werden. Diese Strahlung kann teils ein Vielfaches der Strahlung der gesamten Galaxie betragen, sodass die Galaxie selbst in optischen Aufnahmen gar nicht mehr zu erkennen ist.

Man könnte diese aktiven Schwarzen Löcher, die man Quasare nennt, auch als Leuchttürme des Universums bezeichnen. Es könnte sogar so weit kommen, dass durch die freiwerdende Energie große Gasmassen aus der Galaxie herausgepustet oder aufgeheizt werden. Das wiederum bedeutet, dass plötzlich kein oder weniger Gas in der Galaxie zur Verfügung steht, um neue Sternpopulationen zu bilden. Es entstehen also keine neuen Sterne mehr. Die schon existierenden Sterne in der Galaxie altern, die Galaxie wird röter und im Schnitt älter.

> ### Quasare
>
> Der Name Quasar geht auf die Bezeichnung „quasistellare (Radio-)Quelle" zurück und weist darauf hin, dass solche Quellen in Bildaufnahmen „wie Sterne" aussehen können, da sie das gesamte Licht der Galaxie, in der sie sich befinden, überstrahlen können.

Das schlafende Schwarze Loch

Das Schwarze Loch im Zentrum der Milchstraße ist momentan nicht aktiv und wird es auch in absehbarer Zeit nicht werden. Es ist ein schlafendes Schwarzes Loch, ein echter Faulpelz. In der Vergangenheit jedoch, vor einigen Milliarden Jahren, war auch unser Schwarzes Loch einmal aktiv. Ein beeindruckendes Relikt dieser Aktivität sind riesengroße Gasblasen, die im spektralen Bereich der Gammastrahlung leuchten. Da sie mit dem Fermi-Satelliten entdeckt wurden, spricht man auch von Fermiblasen [5].

Im Jahr 2020 wurden ähnliche Blasen auch im Röntgenbereich mithilfe des Röntgenteleskops eROSITA entdeckt. Diese Blasen stehen senkrecht zur Ebene der Milchstraßenscheibe, kommen jedoch aus ihrem Zentrum und sind fast so groß wie die Milchstraße selbst [6]. Diese Blasen zeigen sehr wahrscheinlich Unregelmäßigkeiten in der heißen Gashülle, die unsere Milchstraße umgibt.

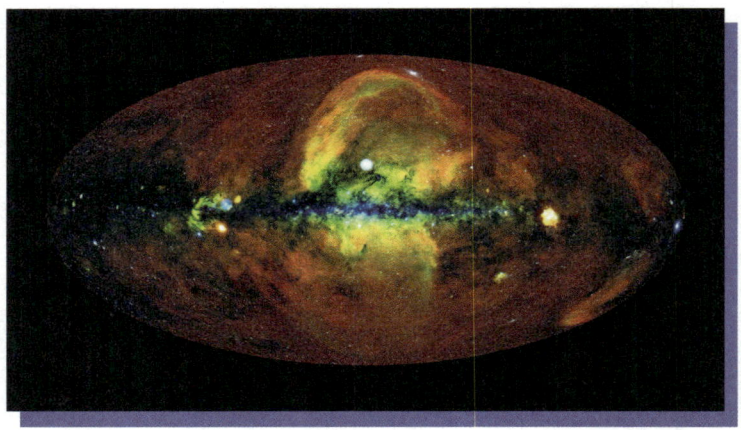

Die SRG/eROSITA-Himmelskarte als Falschfarbenbild (Rot für Röntgenenergien von 0,3–0,6 keV, Grün für 0,6–1,0 keV, Blau für 1,0–2,3 keV). Gut erkennbar sind die Blasen, die aus dem Zentrum kommen und senkrecht auf der Scheibe stehen.

Eine frühere aktive Phase des Schwarzen Lochs im galaktischen Zentrum ist eine sehr wahrscheinliche Erklärung für dieses Phänomen, und Berechnungen bezüglich der Energie, die für die Erzeugung solcher Blasen notwendig war, passen sehr gut zu den Abschätzungen einer aktiven Phase.

Galaxien, deren Schwarze Löcher gerade aktiv sind und wachsen, scheinen nicht besonders angenehme Orte zu sein. Gaswinde, hochenergetische Strahlung, die überall herumgepustet wird – all das klingt nicht nach einem Ort, wo man sein will und wo sich Leben entwickeln könnte. Ist es gut für uns auf der Erde, dass das Schwarze Loch in der Milchstraße gerade schläft?

Wo und wann kann man denn hier leben?

Tatsächlich gibt es Überlegungen, welche Orte in unserer Galaxie sich (nicht) so sehr für einen entspannten Abend auf der Couch eignen. Diese sogenannte galaktische habitable (bewohnbare) Zone ist sehr lose definiert, da die Entstehung von Leben von sehr vielen Faktoren abhängig ist [7]. Das Konzept der galaktischen habitablen Zone berücksichtigt zum Beispiel, an welchen Orten es genügend schwere Elemente gibt, die für die Entstehung von Leben, so wie wir es kennen, notwendig sind. Außerdem sollte der Einfluss von besonders energiereichen Ereignissen in näherer Umgebung, etwa denen explodierender Sterne (Supernovae), gering sein. Anhand dieser Faktoren versucht man, diejenigen Regionen in der Milchstraße zu identifizieren, die am ehesten geeignet sind, erdähnliche Planeten zu bilden, auf denen sich Leben entwickeln könnte.

Mit Hinblick auf die Aktivität des Schwarzen Loches gibt es einige interessante Abschätzungen, die zeigen, dass das Zentrum der Milchstraße innerhalb eines Radius von ein bis drei Kiloparsec kein guter Ort ist, an dem sich biologisches Leben entfalten kann [8].

Außerdem kann man zeigen, dass innerhalb eines Radius von ca. einem Kiloparsec erdähnliche Planeten ihre Atmosphäre gänzlich verlieren würden. Die extreme UV-Strahlung, die in der aktiven Phase des Schwarzen Loches in die Galaxie hineingestrahlt wird, würde schlicht und einfach die Planetenatmosphären verdunsten lassen. Der Effekt ist bei größeren Distanzen zum Zentrum vernachlässigbar und würde unsere Erde nicht betreffen. Dennoch wäre jegliches Leben auch schon vor dem Verlust der Atmosphäre von den Auswirkungen der extremen UV-Strahlung betroffen. Bei genügend hohen Dosen und je nach Resistenz des Organismus hilft irgendwann auch die beste Sonnencreme nicht mehr.

Berechnungen haben ergeben, dass, je nach Stärke der Aktivität des Schwarzen Lochs, komplexes Leben sogar bis zu einer Distanz von zehn Kiloparsec vom Zentrum der Milchstraße tödliche Dosen von extremer UV-Strahlung abbekommen könnte.

Man könnte nun fragen, ob es Zufall ist, dass sich Sonne und Erde an einem scheinbar günstigen Ort in der Milchstraße befinden. Ein Ort mitten innerhalb der galaktischen habitablen Zone, gerade weit genug weg vom Zentrum, um viele dieser beschriebenen Effekte nicht oder nur wenig zu spüren. Das Konzept der galaktischen habitablen Zone ist jedoch nicht unumstritten, da man den Einfluss einzelner Faktoren oft nur grob oder gar nicht abschätzen kann.

Einige Computersimulationen zeigen sogar, dass die Anzahl und räumliche Verteilung von bewohnbaren Planeten in der Galaxis aufgrund der unvorhersehbaren Zeitpunkte von katastrophalen Ereignissen (aktives Schwarzes Loch, explodierender Stern in der Nähe, etc.) stark variieren kann.

Das wiederum könnte bedeuten, dass es sogar in der gesamten Milchstraße bewohnbare Planeten geben könnte, nur eben zu unterschiedlichen Zeiten an Orten mit größerer oder geringerer Wahrscheinlichkeit.

Für uns Erdenbürger ist es dennoch sicherlich beruhigend zu wissen, dass sich das supermassereiche Schwarze Loch im Zentrum der Milchstraße derzeit in einem tiefen Winterschlaf befindet.

Das Kapitel in Kürze:

> Die Milchstraße ist eine scheibenförmige Spiralgalaxie, in deren Zentrum sich ein supermassereiches Schwarzes Loch befindet. Die Scheibe besteht aus Sternen, Sternhaufen, Staub und fast dem gesamten Gas, das in der Milchstraße vorhanden ist. Die Sonne befindet sich ca. 25.000 Lichtjahre vom Zentrum der Milchstraße entfernt in deren Scheibe. Das helle Band, das wir in klaren Nächten am Nachthimmel beobachten können, ist ein Querschnitt durch die Milchstraßenscheibe.
> Die Existenz des supermassereichen Schwarzen Loches im Zentrum der Milchstraße ist unanfechtbar nachgewiesen. Dazu wurden die Sternbewegungen im unmittelbaren Zentrum über einen Zeitraum von 15–20 Jahren vermessen und aus den Sternbahnen und -geschwindigkeiten mithilfe der Keplerschen Gesetze berechnet, dass es sich um ein extrem massereiches, kompaktes Objekt handeln muss.
> In der Milchstraße kann man eine habitable (bewohnbare) Zone definieren, in der es wahrscheinlicher ist, dass sich Leben entwickelt haben könnte. Die Erde liegt inmitten dieser habitablen Zone. Energiereiche Ereignisse, wie die aktive Wachstumsphase des Schwarzen Loches im Zentrum der Milchstraße, könnten Gebiete innerhalb der Milchstraße zumindest für einen gewissen Zeitraum unbewohnbar gemacht haben.

Zur richtigen Zeit am richtigen Ort

Die Sonne ist für uns ein ganz besonderer Stern, den die Erde in 365 Tagen in einem Abstand von ca. 150 Millionen Kilometern umrundet. Jedes Mal, wenn wir Richtung Sonne schauen, blicken wir acht Minuten in die Vergangenheit. Die Sonne wiegt ungefähr 300.000-mal so viel wie die Erde und hat ungefähr einen 100-mal größeren Radius, vom Volumen her würde die Erde über eine Million mal in die Sonne hineinpassen. Ganz schön groß, könnte man meinen. Im Vergleich zu anderen Sternen jedoch ist die Sonne eher durchschnittlich. Was macht sie dennoch besonders? Wie ist sie entstanden und was treibt sie an?

ES IST EIN LAUER ABEND IM SPÄTSOMMER, Picknick mit Freunden im Park. Es gibt lebhafte Gespräche über die besten Sommerdrinks, Urlaubspläne, die trendigsten neuen Restaurants der Stadt. Die Stimmung könnte nicht besser sein, es wird auf den Sommer angestoßen. Langsam färbt sich der Himmel orange, dann rot, es wird dunkler. Pullis werden ausgepackt, denn es wird langsam frisch. Die ersten machen sich auf den Weg nach Hause. Die Sonne geht unter. Ein unmissverständliches Zeichen für uns, langsam zur Ruhe zu kommen, schlafen zu gehen und Energie für den neuen Tag zu tanken.

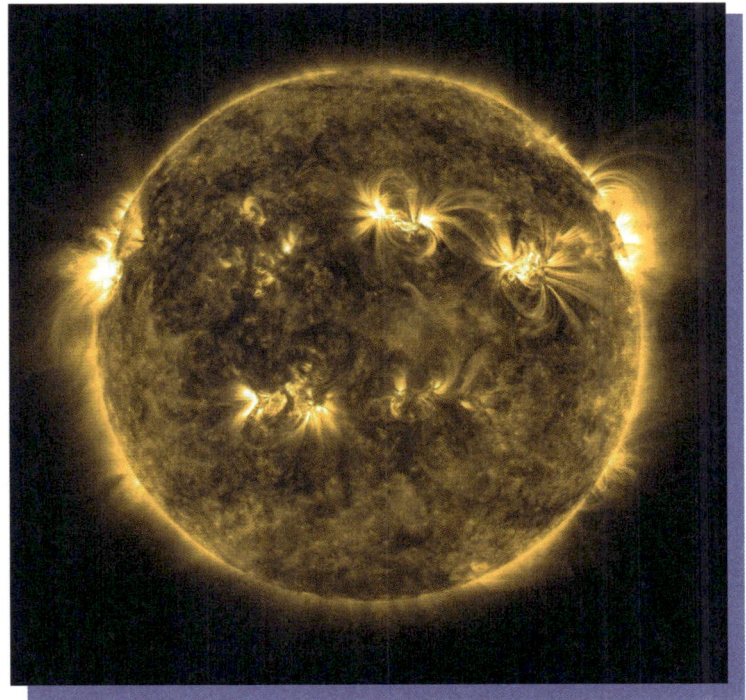

Die Sonne, aufgenommen mit dem Solar Dynamics Observatory.

Die Sonne ist unser Lebenselixier. Sie spendet uns Licht, Wärme und Energie. Wir alle sind Sonnenkinder, werden müde, wenn sie untergeht und sind in den dunklen Wintermonaten träge und lustlos. Unsere Augen sind perfekt auf die Sonne eingestellt und können am besten in dem Bereich sehen, in dem das Sonnenlicht am intensivsten scheint. Wir verehren die Sonne, feiern Sonnenfeste, und in manchen Kulturen gibt es sogar Sonnengottheiten. Unser ganzes Leben dreht sich sowohl wörtlich als auch sprichwörtlich um die Sonne. Sie ist für uns ein besonderer Stern. Wie kam es dazu? Wie sieht ihr (und unser gemeinsames) Schicksal aus?

A star is born

Nein, hier geht es nicht um Lady Gaga und ihren oscarprämierten Film, in dem eine junge Musikerin über Nacht zum gefeierten Star wird. Aber vielleicht hilft uns die Analogie dennoch, um etwas über die Eigenschaften der Sterne zu lernen. Gemeinhin bezeichnet man jemanden als Star, der auf die eine oder andere Weise (gerechtfertigt oder nicht) aus der Menge heraussticht und leuchtet. Genau das machen Sterne: Anders als Planeten leuchten sie und geben Energie ab.

Wie wird man zum Star? Leider können wir Ihnen jetzt keine hilfreichen Tipps für Strategien beim Casting geben. Aber für die Entstehung von echten Sternen ist zunächst einmal viel Gas und Staub notwendig.

Es gibt normalerweise recht viel Staub und Gas in Galaxien, das – wenn es kalt genug ist – zu Molekülwolken wird. Wenn eine solche Molekülwolke aus dem Gleichgewicht gerät, kann sie unter ihrem eigenen Gewicht zusammenfallen. So einen Prozess nennt man gravitativen Kollaps. Das Gas fängt zunächst an, kleine Klümpchen zu bilden, kleine Fragmente von Wolken. Diese Klumpen ziehen durch ihre Gravitation immer mehr Gas aus der Umgebung an, werden größer und dichter. Im Zentrum dieses Klumpens wird es immer en-

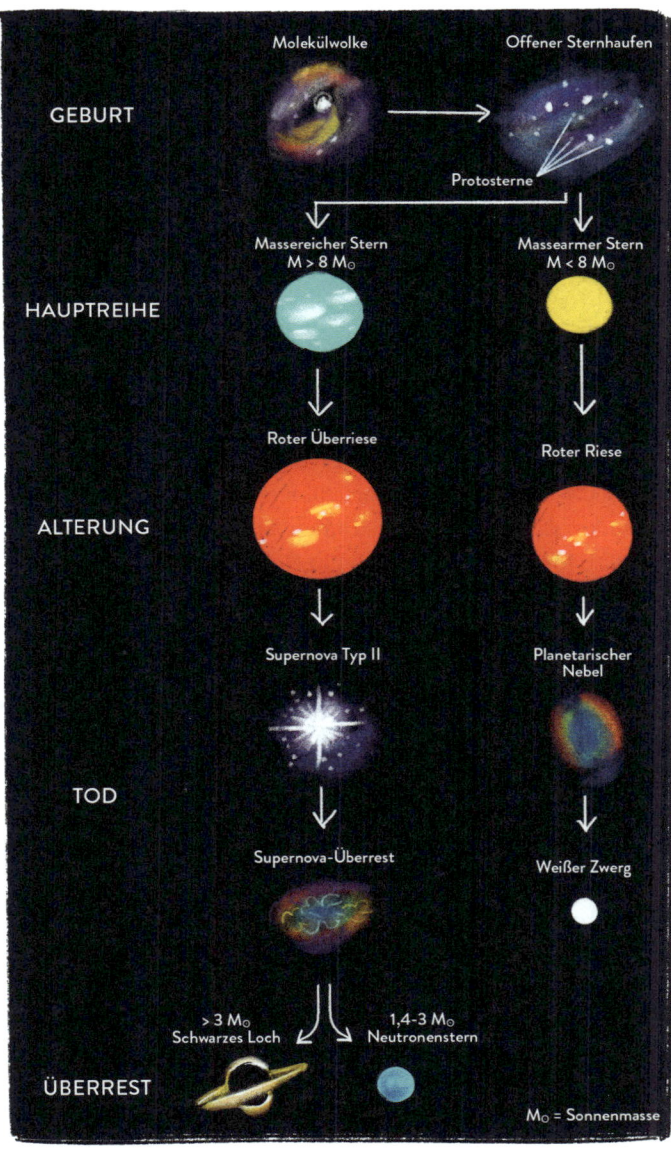

Die Grafik zeigt die Entwicklungswege normaler Sterne.

ger, ungemütlicher und heißer, und irgendwann passiert das, was hoffentlich in naher Zukunft auch hier auf der Erde unsere Energieprobleme lösen wird: Kernfusion. Ein Stern ist geboren. Auch unsere Sonne ist aus einer solchen Molekülwolke einst entstanden. Das ist jetzt 4,6 Milliarden Jahre her.

Es wird heiß

Die Entdeckung, dass Sterne durch Kernfusion Energie produzieren können, ist eng verknüpft mit der Arbeit und Forschung an Nuklearwaffen in den 1930er und 1940er Jahren. Hans Bethe (1906–2005) und Carl Friedrich von Weizsäcker (1912–2007) gelten als Entdecker des CNO-Zyklus (nach den Elementen Kohlenstoff, Stickstoff und Sauerstoff), einem der bekannten und wichtigen Prozesse, der beschreibt, wie Sterne Wasserstoff in Helium umwandeln. Hans Bethe erhielt im Jahr 1967 „für seine Beiträge zur Theorie der Kernreaktionen, insbesondere seine Entdeckungen über die Energieerzeugung in den Sternen" sogar den Nobelpreis in Physik [1,2].

Für Kernfusion werden Temperaturen von über 15 Millionen Grad Celsius und ein 200-milliardenfacher Druck der Erdatmosphäre benötigt. Atomkerne können sich unter diesen Bedingungen sehr nahe kommen.

Normalerweise halten Atomkerne einen sicheren Abstand und stoßen sich aufgrund elektromagnetischer Kräfte voneinander ab. Unter extremen Bedingungen, wie sie im Inneren von Sternen herr-

$$E = mc^2$$

Die Äquivalenz von Energie E und Masse m wurde von Einstein in seiner berühmtesten Theorie, der Relativitätstheorie, formuliert. Der Parameter c steht hierbei für die Lichtgeschwindigkeit, die ca. 300.000 Kilometer pro Sekunde beträgt.

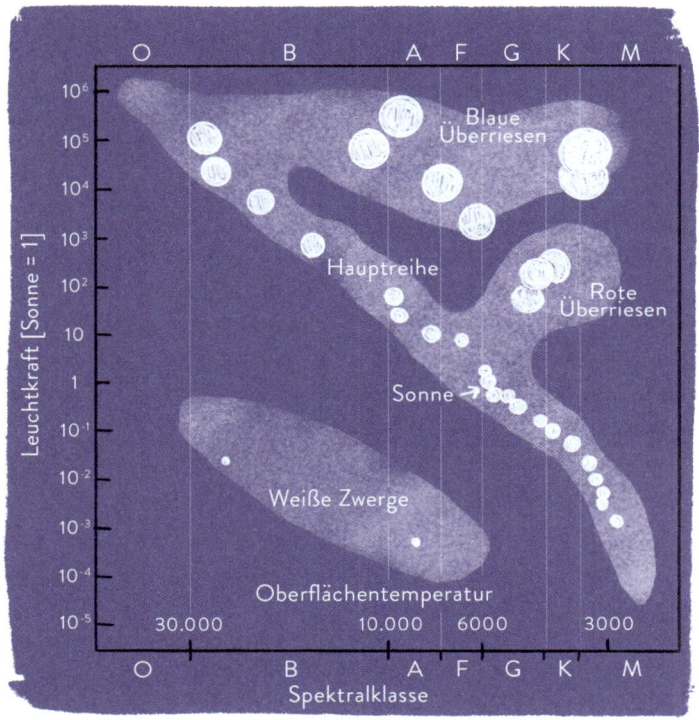

Das Hertzsprung-Russell-Diagramm zeigt die Relation zwischen der absoluten Helligkeit von Sternen und deren Temperatur. Verschiedene Sternarten finden sich in bestimmten Regionen dieses Diagramms und lassen auf deren Entwicklungsstufe schließen.

schen, können jedoch zwei Wasserstoffkerne verschmelzen und zu einem Heliumkern werden, wobei viel Energie frei wird. Die berühmteste Formel der Welt, $E = mc^2$, liefert die Erklärung. Ein Heliumkern ist leichter als zwei Wasserstoffkerne, sodass diese Massendifferenz in Form von Energie freigesetzt wird. Aus diesem Grund würde man gerne auch bei uns auf der Erde die Kernfusion kontrollieren können, sodass Fusionskraftwerke vielleicht in Zukunft einmal unser Energieproblem lösen. Davon sind wir leider technisch noch weit entfernt.

Kommen wir noch einmal auf die Massendifferenz zurück. Wenn Heliumkerne leichter sind als die Summe der Wasserstoffkerne, aus denen sie entstehen, bedeutet das, dass die Sonne bei der Fusion in jeder Sekunde ca. vier Millionen Tonnen an Masse verliert. Neue Diätratgeber könnten bei solchen Ergebnissen neidisch werden.

Die Mehrheit der beobachteten Sterne durchläuft diesen Prozess des Wasserstoffbrennens. Wenn man nun Temperatur und Leuchtkraft – Eigenschaften, die eng mit dem Prozess verknüpft sind – von möglichst vielen Sternen misst, so findet man einen interessanten Zusammenhang. Trägt man beide Größen gegeneinander in einem Diagramm auf, befinden sich die meisten Sterne auf einer wohldefinierten Linie: der sogenannten Hauptreihe. Dieses Diagramm wird auch als Hertzsprung-Russell-Diagramm bezeichnet.

Von Gelben Zwergen, Roten Riesen und stellaren Friedhöfen

Die Sonne ist ein Hauptreihenstern, was bedeutet, dass sie ein ziemlich normaler Stern ist. Sie wurde vor ca. 4,6 Milliarden Jahren geboren und verschmilzt seither gemütlich Wasserstoff zu Helium. Man kann ausrechnen, dass der „Brennstoff" der Sonne noch sechs Milliarden Jahre reichen wird. Unsere Sonne hat also schon etwa die Hälfte ihres Lebens hinter sich. Ist der Wasserstoffvorrat im Kern eines Sterns verbraucht, expandieren seine äußeren Bereiche. Im Fall der Sonne bedeutet das, dass sie sich dann in einen aufgeblähten und leuchtkräftigen Roten Riesenstern verwandelt. Diese Phase wird jedoch nur gut eine Milliarde Jahre andauern, in der die Sonne fast 200-mal so groß ist und über 2000-mal mehr Energie freigeben wird als derzeit. Das bedeutet, dass sie die inneren Planeten Merkur und Venus verschlucken und von der Erde aus gesehen einen Großteil des Himmels abdecken wird. Jedoch ist es äußerst unwahr-

Je massereicher ein Stern ist, desto kürzer lebt er.

Der Krebsnebel: Er ist das Ergebnis einer hellen Supernova-Explosion, die von chinesischen Astronomen im Jahr 1054 beobachtet wurde, und ist fast 6500 Lichtjahre von der Erde entfernt. In seinem Zentrum befindet sich ein superdichter Neutronenstern, der stellare Überrest der Supernova-Explosion. Die Explosion hat viel Materie ins Weltall geschleudert, die man nun als Nebel beobachten kann.

scheinlich, dass Menschen diesen Zustand noch miterleben können, weil die Temperatur auf der Erde dann viel zu hoch sein wird.

Die weitere Entwicklung der Sonne (und sonnenähnlicher Sterne) wird bestimmt durch die Fusion von Helium zu Kohlenstoff. Dies hat große Veränderungen in Bezug auf Radius und Helligkeit zur Folge. Am Ende des Lebens sonnenähnlicher Sterne, die eine Masse von weniger als dem Achtfachen der Sonnenmasse haben, stößt der Stern Material ab, das als sogenannter „Planetarischer Nebel" leuchtet (dieses Phänomen hat nichts mit Planeten zu tun und der Begriff ist rein historisch), und schließlich bleibt ein Objekt übrig, das als Weißer Zwerg bezeichnet wird.

Weiße Zwerge stellen das Endstadium der meisten Sterne dar, die keine Kernfusion mehr betreiben können. Sie besitzen also keine innere Energiequelle mehr und kühlen mit der Zeit immer weiter ab. Das kann allerdings sehr lange dauern. So können Weiße Zwerge sogar länger als zehn Milliarden Jahre existieren, bevor sie komplett sterben und ihnen der Saft ausgeht wie der einer alten vergammelten Batterie.

Was aber passiert mit Sternen, die schwerer sind als das Achtfache der Sonnenmasse? Sterne mit solchen Massen schaffen es sogar, die Kernfusion weiter voranzutreiben: Dabei entstehen Neon, Sauerstoff, Silizium und höhere Elemente. Das Ganze geht so lange, bis Eisenatome produziert werden. Um Atomkerne zu produzieren, die schwerer sind als Eisen, müsste man nun mehr Energie in das System hineinstecken, als die Fusion generieren könnte. Bei Atomen, die schwerer sind als Eisen – z. B. Uran –, wird Energie frei, wenn man sie spaltet. Das ist das Prinzip der Kernspaltung, die in den Kernkraftwerken stattfindet.

Sobald die Fusion in Sternen ihr Ende gefunden hat, sinkt das Eisen in den Kern des Sterns. Weil die Fusion erloschen ist, wird keine Energie mehr freigesetzt, woraufhin ein imposanter Prozess beginnt: Der Stern kollabiert unter seiner eigenen Schwerkraft und stößt in einer gewaltigen Explosion seine äußere Hülle ab. Eine Supernova ist entstanden, bei der unglaublich viel Energie freigesetzt wird. Während einer solchen Explosion kann die Supernova zeitweise sogar heller strahlen als ihre gesamte Heimatgalaxie. Übrig bleibt dabei entweder ein Schwarzes Loch oder ein Neutronenstern. Die Überreste der Supernova kann man beobachten: Materie, die in die Weiten des Alls geschleudert wurde.

Weil eine Supernova-Explosion ein solch energiereicher Prozess ist, können während der Explosion schwerere Elemente als Eisen, zum Beispiel Gold, erbrütet werden. Staub und Gas kehren wieder in das interstellare Medium zurück und reichern es mit diesen neugebildeten schweren Elementen an.

Sterne sind also keinesfalls statisch. Sie werden geboren wie wir Menschen, entwickeln sich, sind auf Diät – mal mehr, mal weniger erfolgreich – und ändern gerne ihre Eigenschaften. Mal sind sie heller und heißer, mal weniger hell und weniger heiß. Und je nachdem, wie sie ihr Leben geführt haben, erlöschen sie entweder langsam oder beenden ihr Dasein in einer gigantischen Explosion.

Spuren letzter Generationen

Genau wie wir Menschen sind auch die Sterne abhängig von der Umgebung, in die sie hineingeboren werden. Dass ich gerade in einem warmen Zimmer sitze und keinen Hunger oder Kälte leiden muss, ist zu einem großen Teil nicht unserer eigenen Genialität zu verdanken, sondern der Tatsache geschuldet, dass ich zufällig in einem Land geboren wurde, dem es gerade sehr gut geht. Keine Selbstverständlichkeit. Dass ich einen für deutsche Standards besonderen Nachnamen habe, lässt darauf schließen, dass meine Familie irgendwann viel herumgekommen ist. Um meine Familiengeschichte noch genauer zu entschlüsseln, könnte man sogar meine DNA untersuchen und dabei feststellen, welche Verwandten aus welchem Teil der Welt stammen.

Auch Sterne haben so eine Art DNA. In ihren Spektren befinden sich unverwechselbare Hinweise auf Temperatur, Alter, Helligkeit und chemische Elemente, aus denen sie bestehen. Man kann Sterne basierend auf diesen Eigenschaften klassifizieren und sortieren.

Schubladendenken

Einen wesentlichen Anteil zur spektralen Klassifizierung leisteten hier die Harvard Computers. Williamina Fleming (1857–1911) war die erste, die in diesem Team angestellt wurde und die ersten Spektralklassen definierte. Zu ihrer Systematik gehörte es, die Sterne nach deren Anteil an Wasserstoff zu sortieren und jeder Klasse einen Buchstaben zuzuweisen. Antonia Maury (1866–1952) erkannte sogar den Zusammenhang zwischen der Spektralklasse und der Temperatur und entdeckte die ersten engen Doppelsternsysteme. Annie Jump Canon (1863–1941) war extrem effizient und akkurat in der Klassifikation; sie konnte drei Sterne pro Minute klassifizieren. Dabei vereinfachte sie das System und ordnete die Spektralklassen nach der Temperatur. Sie selbst klassifizierte alle 200.000 Sterne im berühmten Henry-Draper-Sternkatalog. Abgesehen von ihren beeindruckenden Leistungen, war sie auch eine der ersten Frauen, die für ihre Arbeit in der Wissenschaft Anerkennung erfuhren. Beispielsweise erhielt sie als erste Frau die Ehrendoktorwürde der Oxford University.

Ihr Klassifizierungssystem ist der bis heute genutzte Standard. Gemäß diesem System ist unsere Sonne ein Stern der Klasse G, den man auch als Gelben Zwerg bezeichnet. G-Sterne fusionieren hauptsächlich Wasserstoff zu Helium und verbleiben rund zehn Milliarden Jahre auf der Hauptreihe (siehe S. 185).

Spuren der Vergangenheit

Zusätzlich weist die Sonne auch Spuren schwerer Elemente wie Eisen in ihren Spektren auf. Wo kommt das Eisen her? Sie kann es nicht selbst fusionieren, weshalb es bereits in der Molekülwolke vorhanden gewesen sein muss, aus der die Sonne vor ca. 4,6 Milliarden Jahren geboren wurde.

Als die Sonne entstand, war das Universum ca. neun Milliarden Jahre alt. Das heißt, mehrere Generationen von Sternen konnten in dieser Zeit schwere Elemente wie Eisen erzeugen und diese in Supernova-Explosionen wieder in die Weiten des Alls spucken. Wie eine Feuerwerksrakete.

Sterne sind auch kosmische Hochöfen und Elementschmieden.

Dieses angereicherte Gas stand anschließend zur Verfügung, um daraus neue Sterne entstehen zu lassen. Sterne, die wiederum Informationen über bereits verstorbene Sterne in sich tragen. Auch wir Menschen tragen diese Informationen in uns, genau wie die Planeten des Sonnensystems. Wir alle sind aus der gleichen Molekülwolke wie die Sonne entstanden. Ein häufig verwendeter romantisierter Spruch lautet: Wir alle bestehen aus Sternenstaub.

Und auch wenn dies etwas pathetisch klingen mag, ist es dennoch richtig. Das Gold Ihres Ringes, das Silber des Festtagsbestecks sowie der Kohlenstoff, aus dem unsere Körper bestehen, – all das wurde von vergangenen Sternpopulationen oder Supernovae hergestellt und von Sternwinden großräumig verteilt.

Im frühen Universum enthielten die Sterne und das gesamte Gas in Galaxien viel weniger schwere Elemente, was uns zu Überlegungen über ein sogenanntes kosmisches habitables Zeitalter führte. Wann in der Geschichte des Universums war, ist und wird es am wahrscheinlichsten sein, dass sich Leben entwickelt?

Zur richtigen Zeit am richtigen Ort?

Diskussionen über ein kosmisches habitables Zeitalter werden oft im Hinblick auf das anthropische Prinzip geführt. Das Universum, die Galaxien und Sterne haben sich seit dem Urknall dramatisch verändert. Warum leben wir ausgerechnet jetzt und nicht schon vor fünf oder zehn Milliarden Jahren?

Leben, so wie wir es kennen, ist in den frühesten Galaxien wahrscheinlich nicht möglich gewesen, als schwere Elemente noch nicht existierten. Und auch in ein paar Milliarden Jahren wird es schwieriger für biologisches Leben werden, weil immer weniger neue Sterne entstehen, während die anderen wieder ausgestorben sind. Der Anteil schwerer Elemente ist dabei ein wichtiger Faktor. Viele Studien nutzen diese sogenannte *Metallizität*, um herauszufinden, wann im Laufe der Geschichte des Kosmos die Entstehung von Le-

> **Metallizität**
>
> **Als Metallizität bezeichnet man in der Astronomie den Anteil schwerer Elemente in interstellarem Gas, wobei alle Elemente mit höherer Ordnungszahl als Helium als schwere Elemente bezeichnet werden.**

ben am wahrscheinlichsten ist. Die Metallizität und ihre Entwicklung ist eng verknüpft mit der globalen und auch lokalen Sternentstehungsgeschichte. Daher müssen wir herausfinden, wann und wie viele Sterne entstanden sind und wie stark sie das Gas angereichert haben. Das sind Forschungsgebiete, in denen man im letzten Jahrzehnt viele Fortschritte gemacht hat.

Dennoch gibt es zahlreiche Unbekannte. Basierend auf dem aktuellen Kenntnisstand gehen viele Studien davon aus, dass bewohnbare terrestrische Planeten im Hinblick auf die chemische Entwicklung nur um sonnenähnliche Sterne herum entstehen können. Die chemische Evolution auf der Erde lässt darauf schließen, dass Leben im Weltall seit wahrscheinlich höchstens fünf Milliarden Jahren existieren kann. Diese Abschätzung passt gut zu einer anderen Berechnung, dass erdähnliche Planeten am häufigsten vorkamen zu der Zeit, als auch Sonne und Erde entstanden sind, also vor rund fünf Milliarden Jahren.

Die Entstehung der Sonne – und damit auch der Erde – scheint also in einem „Sweet Spot" der kosmischen Evolution passiert zu sein [3]. Oder könnte sich das Leben nur deshalb entwickelt haben, weil gerade jetzt die Begebenheiten am günstigsten sind? Da wären wir wieder beim anthropischen Prinzip.

Beziehungsstatus: Single

Zu Beginn des Kapitels haben wir erfahren, dass die Sonne ein Hauptreihenstern ist. Während dieser Phase hat ein Stern mehr oder weniger stabile Eigenschaften. Die Sonne befindet sich nun schon seit über vier Milliarden Jahren auf der Hauptreihe und wird dort wahrscheinlich noch die nächsten sechs Milliarden Jahre bleiben. Das führt zu gleichbleibenden Verhältnissen in der Umgebung um den jeweiligen Stern herum. Sterne, die schwerer sind als die Sonne, fusionieren ihren Brennstoff schneller und befinden sich deswegen um ein Vielfaches kürzer auf der Hauptreihe. Dementsprechend schneller ändern sich auch die Bedingungen in der Umgebung eines solchen Sterns.

Für die Entstehung von Leben muss jedoch wahrscheinlich auch der jeweilige Planet Verhältnissen ausgesetzt sein, die über einen längeren Zeitraum ähnlich bleiben. Die Tatsache, dass die Sonne ein Hauptreihenstern mit einer langen Verweildauer ist, hat definitiv günstige Voraussetzungen für die Entstehung von Leben geschaffen.

Es gibt noch eine weitere Eigenschaft der Sonne, die die Entstehung von Leben auf der Erde begünstigt hat. Unsere Sonne ist nämlich Single, und das ist gut für uns. Viele Sterne befinden sich in festen Beziehungen, die jedoch oft kompliziert sind. Kommt Ihnen vielleicht bekannt vor?

Viele Sterne sind Doppel- oder Mehrfachsternsysteme. Das bedeutet, dass sich zwei oder mehrere Sterne so nah beieinander befinden, dass ihre gegenseitige Gravitationskraft Einfluss darauf hat, wie sie sich bewegen. Sind zwei Sterne in einem Doppelsternsystem ungefähr gleich schwer, umkreisen sie sich gegenseitig. Wenn einer der Sterne viel schwerer ist als der andere, umkreist der kleinere ihn und der größere „wobbelt" so vor sich her. Wenn sie sich nah genug beieinander befinden, kann sogar Materie von einem Stern zum anderen fließen. Solche Doppelsternsysteme können auch einen großen Einfluss auf die Planetenentstehung haben [4]. Die Gasscheiben

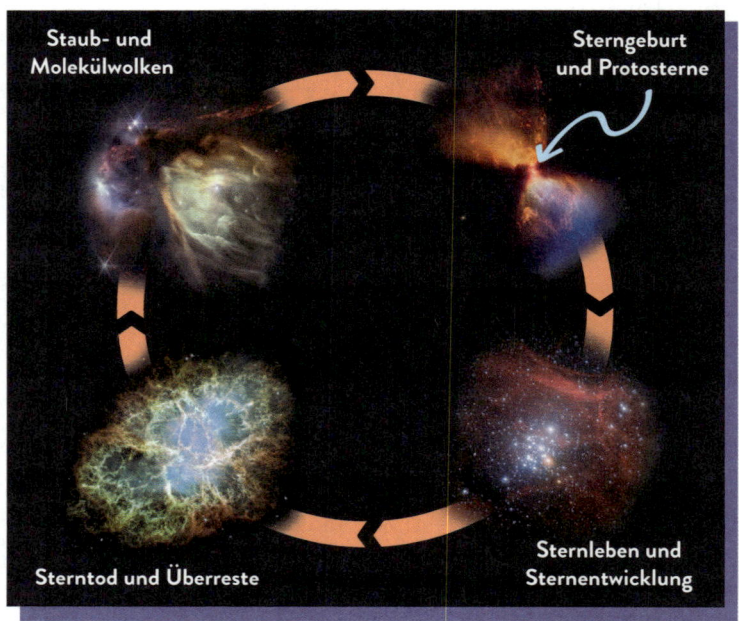

Auch im Kosmos wird Recycling großgeschrieben: Im Materiekreislauf werden aus der Asche alter Sterne neue Sterne geformt.

der Sterne, in denen die Planeten nun geboren werden, können sich bei Doppelsternsystemen schnell auflösen, sodass Planeten im Zweifel überhaupt keine Chance haben, sich zu bilden. Und selbst wenn sie es schaffen, können sie gleich wieder zerstört werden. Außerdem kann die Dynamik des Doppelsternsystems selbst problematisch für die Stabilität der Planeten sein. Schätzungen zeigen, dass sogar ein Fünftel aller sonnenähnlichen Sterne in der Milchstraße gar keine Planeten haben können, weil der Einfluss des Doppelsternsystems, in dem sie sich befinden, die Bildung von Planeten nicht zulässt.

Die Sonne scheint in vielerlei Hinsicht besonders zu sein. Die Entstehung von Planeten und insbesondere von solchen, auf denen sich Leben entwickeln könnte, kann wahrscheinlich nicht um jeden beliebigen Stern zu jeder beliebigen Zeit passieren. Schwere Sterne altern schnell. Doppelsterne führen ein wildes Leben. Sterne im frühen Universum besaßen nicht genug schwere Elemente und in der fernen Zukunft werden Sterne nur noch in geringerer Anzahl entstehen, weil ihnen das Gas ausgeht.

Die Sonne scheint sich mitten im Sweet Spot unserer Galaxie zu befinden. Wenn sich also irgendwo und irgendwann im Weltall Leben entwickeln sollte, dann ist die Sonne einer der Sterne, die dafür prädestiniert sind.

Das Kapitel in Kürze:

> Die Sonne ist ein sehr gewöhnlicher Stern. Sie wurde vor 4,6 Milliarden Jahren in einer Molekülwolke geboren. Das Universum war zu dem Zeitpunkt neun Milliarden Jahre alt.
> Sterne, so auch die Sonne, bestehen zu großen Teilen aus Wasserstoff und Helium. Sowohl die Sonne als auch die Erde bestehen aus schweren Elementen, die nur durch Sterne in der Vergangenheit erzeugt werden konnten. Wir bestehen also zu einem großen Teil aus Sternenstaub.
> Sterne werden durch Kernfusion in ihrem Inneren angetrieben. Dabei wird Wasserstoff zu Helium fusioniert, wobei Energie freigesetzt wird. Die Sonne ist ein Hauptreihenstern mit relativ gleichbleibenden Eigenschaften in Bezug auf Temperatur und Leuchtkraft. Sie wird noch sechs Milliarden Jahre ein Hauptreihenstern bleiben. Danach wird sie sich ausdehnen, zum Roten Riesen werden und ihr Leben als Weißer Zwerg beenden.
> Die Position der Sonne in Raum und Zeit ist günstig für die Entstehung von Leben auf einem ihrer Planeten. Frühere Sterngenerationen hatten genügend Zeit, schwerere Elemente zu produzieren, die für das Leben nötig sind. Die Sonne als Hauptreihenstern, der sich nicht in einem Doppelsternsystem befindet, schaffte für lange Zeit weitgehend konstante Verhältnisse.

Raumschiff Erde

Wie auf einem Raumschiff treiben wir auf der Erde, unserem kleinen blauen Planeten, durch Raum und Zeit. Mit ihr umrunden wir die Sonne, das Zentrum der Milchstraße und bewegen uns durch das gewaltige Spinnennetz des Kosmos. Doch die Erde ist nur einer von vielen weiteren Planeten im Universum. Ständig werden neue Planeten entdeckt, die um andere Sterne als unsere Sonne kreisen. Nicht überall würden wir uns so wohlfühlen wie hier. Welche Bedingungen ermöglichen die Existenz von intelligentem Leben auf der Erde? Und wo sonst könnte man eventuell noch einen guten Gin Tonic genießen?

IM JAHRE 1977 STARTETE DIE NASA-RAUMSONDE VOYAGER 1 unter den Augen der Welt von Cape Canaveral in Florida. Ihre Mission: die Erforschung des interstellaren Raumes. Ihr Ziel: nur weg von hier, möglichst weit. Seit fast 50 Jahren ist sie schon unterwegs und befindet sich heute ca. 23,7 Milliarden Kilometer von der Erde entfernt, was ungefähr dem 160-fachen Abstand zwischen Erde und Sonne entspricht. Keine menschliche Sonde ist weiter weg als Voyager 1. Seitdem schickt sie uns regelmäßig Signale und Daten.

Eine Liebeserklärung an die Erde

An einem Valentinstag vor über 30 Jahren, am 14. Februar 1990 – Voyager 1 war damals schon sechs Milliarden Kilometer von der Erde entfernt – drehte sich die Raumsonde um 180 Grad. Sie blickte ein letztes Mal in unsere Richtung – und machte ein Foto von der Erde. Die Erde ist auf diesem Bild als winziger Punkt zu erkennen, gerade mal ein Pixel groß. Sie wirkt winzig zwischen den Sonnenstrahlen, in deren Gegenlicht man sie sieht. Kein Foto von unserem Planeten wurde aus einer größeren Entfernung aufgenommen, eine kleine Liebeserklärung an unsere Heimat.

Das Foto erhielt den passenden Namen Pale Blue Dot, blasser blauer Punkt, und inspirierte Carl Sagan (1934–1996), einen berühmten US-amerikanischen Physiker und Bestsellerautor, zu seinem gleichnamigen Buch. Darin heißt es: „Es ist uns gelungen, dieses Bild [aus dem tiefen Weltraum] aufzunehmen, und wenn man es betrachtet, sieht man einen Punkt. [Dieser Punkt] ist hier." Im Weiteren reflektiert Sagan über diesen einen ganz besonderen Punkt, der unseren Heimatplaneten, unser Zuhause, aus weiter Ferne darstellt und auf dem jeder Mensch, der je gelebt habt, sein Leben verbracht hat. Die gesamte uns bekannte Geschichte fand und findet auf einem kleinen Staubkorn auf einem Sonnenstrahl statt. Das bereitet Gänsehaut.

Pale Blue Dot, ein Bild unserer Erde, aufgenommen aus sechs Milliarden Kilometern Entfernung durch die Raumsonde Voyager 1.

Pralinen im Sonnensystem

Unsere Erde ist wirklich winzig. Sie ist einer von acht Planeten, die um die Sonne kreisen. In der Reihenfolge ihres Abstandes von der Sonne folgen die Planeten Merkur, Venus, Erde, Mars, Jupiter, Saturn, Uranus und Neptun. Der Radius der Erde ist 100-mal kleiner als der der Sonne und immer noch 10-mal kleiner als der Radius des größten Planeten im Sonnensystem, nämlich Jupiter. Die inneren vier Planeten sind Gesteinsplaneten, also Steinkugeln mit fester Kruste, flüssiger Magmafüllung und festen oder flüssigen Eisenkernen. Sie bestehen zu großen Teilen aus schweren Elementen. Jupiter und Saturn hingegen sind Gasriesen und bestehen hauptsächlich aus Wasserstoff und Helium und nur wenigen schweren Elementen, ähnlich wie die Sonne. Aufgrund des hohen Drucks kann aber ein Teil des Materials flüssig oder sogar fest sein, sodass die Gasplaneten doch nicht vollständig aus Gas bestehen. Uranus und Neptun hingegen sind Eisriesen und bestehen hauptsächlich aus Wasser-, Methan- und Ammoniak-Eis.

Vielleicht sind Sie vorhin über die Anzahl der Planeten gestolpert. Waren das nicht mal neun? Tatsächlich endete der Planetenstatus von Pluto öffentlichkeitswirksam auf einer Astro-Konferenz im Jahre 2006, als man beschloss, dass nur noch die innersten acht Planeten den Status auch verdient haben, wobei es sich sicher um die bekannteste astropolitische Entscheidung jüngerer Zeit handelt. Viele trauern dem kleinen Pluto noch heute nach. Aber wenn Pluto ein Planet geblieben wäre, hätten konsequenterweise noch andere Körper im Sonnensystem zu Planeten gekürt werden müssen, was sämtliche Planetenmerksprüche unbrauchbar gemacht hätte. Als

Die Erde liegt mitten in der habitablen Zone des Sonnensystems.

Ausgleich wurde die neue Klasse der Zwergplaneten eingeführt. Zu dieser gehören mittlerweile offiziell fünf, inoffiziell noch viel mehr Objekte im Sonnensystem.

Was aber ist eigentlich ein Planet? Der offiziellen Definition der Internationalen Astronomischen Union (IAU) zufolge ist ein Planet ein Objekt, das sich erstens auf einer Bahn um die Sonne befindet, zweitens über eine ausreichende Masse verfügt, damit er durch seine Eigengravitation nahezu rund wird, und drittens wie ein Staubsauger seine Umgebung von kleineren Objekten durch seine Gravitation bereinigt hat. Das dritte Kriterium konnte Pluto leider nicht erfüllen.

Wichtig ist dabei, dass Planeten keine Kernfusionsprozesse in ihrem Inneren aufrechterhalten müssen, im Gegensatz zu den Sternen. Planeten leuchten nicht. Das bedeutet, dass vor allem die Sonne dafür verantwortlich ist, wie kalt oder warm es bei uns auf der Erde ist. Obwohl wir (immer öfter) im Sommer schwitzen und uns im Winter warm anziehen, ist die mittlere Temperatur auf der Erde doch recht angenehm. Wenn wir uns dagegen näher an der Sonne aufhalten, würde es ungemütlich heiß werden, und die Ozeane könnten sofort verdampfen. Auf dem Merkur werden sogar Temperaturen von fast 500 Grad Celsius erreicht. In größerer Entfernung hingegen müssten wir uns um weitaus wärmere Winterkleidung bemühen. Auf Uranus und Neptun beispielsweise ist es frostige -200 Grad Celsius kalt!

Wo sonst ist es denn hier angenehm?

Wir können also nicht überall im Sonnensystem unsere Zelte aufschlagen. Diese Überlegungen führten schlaue Köpfe zu der Definition der sogenannten „zirkumstellaren habitablen Zone". Diese ist definiert als die Zone um einen Stern, in der es weder zu heiß noch zu kalt ist, und in der Wasser in flüssiger Form existiert – beides wichtige Grundvoraussetzungen für Leben. In unserem Sonnensystem liegt die Venus gerade so am inneren, der Mars gerade so am äußeren Rand der habitablen Zone. Die Erde dagegen: smack in the middle! Neben einer günstigen Lage in der galaktischen habitablen Zone (Kapitel „Die schlafende Galaxie") und innerhalb des kosmischen habitablen Zeitalters (Kapitel „Zur richtigen Zeit am richtigen Ort") also ein weiterer Glücksfall für unser Dasein?

Die tolle Lage innerhalb der habitablen Zone ist aber nicht der einzige Grund, warum Sie gerade gemütlich dieses Buch lesen und über Ihr eigenes Dasein sinnieren können. Denn das All ist grundsätzlich kein angenehmer Ort. Trotz der Tatsache, dass die Sonne uns zwar die nötige Wärme liefert, pustet uns der solare Wind ganz schön was entgegen. Als solaren Wind bezeichnet man den konstanten Strom elektrisch geladener Teilchen – hauptsächlich Protonen und Elektronen –, die von der Sonne in alle Richtungen ausgehen. Wenn diese Teilchen direkt die Erdoberfläche treffen würden, hätte es das Leben schwer gehabt.

Die Erde ist wie eine Kugel Ferrero Rocher: außen knusprig, innen schön cremig und mit einem knackigen Kern im Inneren. Die cremige Schicht ist dabei besonders wichtig. Denn die flüssige Magmaschicht der Erde stellt im Grunde eine große Masse an elektrisch leitfähiger Materie dar. Sie bewegt sich wahrscheinlich aufgrund von Konvektion und der Rotationsbewegung der Erde auf schraubenförmigen Bahnen und führt dazu, dass die Erde mit einem Magnetfeld ausgestattet ist. Die magnetischen Pole ändern ihre Position ein wenig mit der Zeit, sind derzeit jedoch fast identisch mit den geographischen Polen. Dank diesem Magnetfeld können wir uns mit Kompas-

Die Durchschnittstemperatur auf dem Mars.

Mittlere Temperatur auf der Venus (auch dank Treibhauseffekt).

Aurorae, auch Nordlichter genannt, führen uns vor Augen, wie das Erdmagnetfeld uns vor dem Sonnenwind schützt.

sen orientieren, was vor allem für Seefahrende sehr nützlich war in Zeiten vor Google Maps und satellitenbasierter Navigation.

Darüber hinaus schützt uns das Magnetfeld auch vor dem solaren Wind, indem es die geladenen Teilchen ablenkt und somit die Erdoberfläche abschirmt. Trotzdem schaffen es einige dieser Teilchen in die Nähe der magnetischen Nord- und Südpole und treffen dort auf Sauerstoff- oder Stickstoffatome, die sie zum Leuchten anregen. Wenn die Atome wieder in ihren Grundzustand übergehen, wird Licht ausgesendet, wodurch die bekannten Polarlichter oder Aurorae entstehen. Ich selbst durfte eine sehr beeindruckende Aurora erst kürzlich auf Island beobachten, ein gleichzeitig phänomenales und wunderschönes Ereignis.

Und auch der Mond spielt für die Erde eine große Rolle. Denn neben dem gravitativen Einfluss, der Ebbe und Flut erzeugt, stabilisiert der Mond die Erdrotation, was zu einem gemäßigten Klima führt.

Das zeigten im Jahr 1993 die beiden französischen Mathematiker Jacques Laskar und Philippe Robutel [1]. Ohne den Mond würden die anderen Planeten – vor allem Venus und der große Jupiter – die Erde aufgrund ihrer Schwerkraft kräftig ins Wanken bringen, sodass sich die Achsneigung häufig ändern würde. Die Schwerkraft des Mondes, der die Erde ständig umkreist, wirkt diesen Störungen entgegen, sodass die Achsneigung der Erde nie zu weit vom derzeitigen Wert von 23,5° abweicht. Wäre sie perfekt senkrecht, würde der Winkel null Grad betragen.

Das alles bedeutet, dass es am Nord- und Südpol immer kalt ist und es dort kaum Gezeitenunterschiede gibt. Ohne den Mond könnte die Erdachse auch mal kippen. So würde bei einem Winkel von 90 Grad am Nordpol plötzlich tropisches Klima herrschen und statt einer Daunenjacke bräuchte man dann Badesachen, ganz zu schweigen von den Auswirkungen, die eine solche Klimaveränderung auf die Flora und Fauna hätte, die sich auch in den vergangenen Jahrmillionen häufig verändert hat.

Laskar und Robutel zeigten beispielsweise, dass die Achsneigung des Mars, der nur zwei winzige Monde hat, in der Vergangenheit zwischen 10° und 60° schwankte. Das führte wohl zu beträchtlichen Klimaschwankungen, was wiederum zum Verlust eines Großteils seiner Atmosphäre beitrug, sodass der Mars zu dem trockenen Wüstenplaneten wurde, der er heute ist. In der Wissenschaftswelt scheiden sich jedoch die Geister, ob die Existenz eines großen Mondes eine kritische Voraussetzung für die Entstehung von Leben auf einem Planeten ist. Dennoch tut uns der Mond auf jeden Fall einen Gefallen und lässt die Erde nicht völlig betrunken umhertorkeln.

Die Liste mit Begebenheiten, die förderlich für die Entstehung von Leben auf der Erde waren und sind, könnte noch wesentlich länger ausfallen, besonders wenn man auf die vielen chemischen Prozesse eingeht, die dazu führten, dass unbelebte Materie zu belebter Materie wurde. Wir wollen nun kurz auf diese wichtigen Stationen der letzten 4,5 Milliarden Jahre blicken.

Eine Wanderung durch das Leben

Zwischen den Feldern in der Nähe meines Wohnorts verläuft ein sehr interessanter Evolutionswanderweg [2]. Die Route erstreckt sich über einen Kilometer, der die gesamten 4,1 Milliarden Jahre Entwicklung von Leben auf der Erde repräsentiert.

Vor ca. 4 Milliarden Jahren – die Erde war gerade mal 0,5 Milliarden Jahre alt – erschien vermutlich das erste mikrobakterielle Leben auf dem Planeten, was aus verschiedenen Gesteinsuntersuchungen hervorgeht. Auf dem Evolutionsweg sind maßstabsgetreu 19 Stationen abgesteckt, die besondere Ereignisse in der Entwicklung des Lebens darstellen. Mit jedem Schritt überwindet man vier Millionen Jahre.

Lange geht man, ohne dass großartig etwas zu passieren scheint. Nach 400 Metern – etwa 600 Meter vor dem Ziel – entwickelten Zellen die Fähigkeit, Photosynthese zu betreiben. Erst nach 880 Metern,

Dominika auf dem Evolutionswanderweg.

also 120 Meter vor dem Ziel, entstehen die ersten Wirbeltiere, 92 Meter vor dem Ziel beginnen die Wirbeltiere aus dem Wasser auf das Land zu wandern. Die Dinosaurier existierten 57 Meter vor dem Ziel und 49 Meter vor unserer heutigen Zeit entstanden die Säugetiere. Die ersten menschenartigen Wesen dagegen tauchen erst vier Meter vor heute, vor ca. 18 Millionen Jahren, auf, die ersten Menschen 1,6 Meter vor dem Ziel, also vor rund sieben Millionen Jahren. Der Homo Sapiens erscheint sogar nur fünf Zentimeter vor dem Ende, also vor ca. 200.000 Jahren. Dies zeigt sehr anschaulich, dass die Prozesse, die zur Entwicklung des Menschen geführt haben, im Hinblick auf die Entstehung des Universums (vor 13,8 Milliarden Jahren) und die Entstehung der Sonne und Erde (vor 4,5 Milliarden Jahren) gerade eben erst passiert sind.

Doch wie außergewöhnlich ist diese Ereigniskette? Angefangen bei der Entstehung der Sonne und der Erde über unsere besonders privilegierte Lage im kosmischen habitablen Zeitalter, der galaktischen habitablen Zone sowie der zirkumstellaren habitablen Zone, bleibt die Frage bestehen, ob die Erde und das Leben auf ihr wirklich einzigartig oder ein Zufall der Natur ist. Nun könnte man natürlich philosophieren. Oder man packt den Taschenrechner aus.

Die Drake-Gleichung

Im Jahre 1965 entwickelte Frank Drake, ein bekannter US-Astrophysiker, eine Gleichung, die als „Drake-Gleichung" berühmt geworden ist. Frank Drake starb im Herbst 2022 und war lange Direktor des SETI-Instituts, das sich mit der Suche nach extraterrestrischem Leben beschäftigt [3]. Vielleicht haben Sie schon einmal den bekannten Film „Contact" mit Jodie Foster gesehen, durch den SETI weltweit große Berühmtheit erlangte.

SETI =

Search for
Extraterrestrial
Intelligence

Die Drake-Gleichung ist eigentlich sehr simpel und besteht nur aus einer multiplikativen Reihe verschiedener Zahlen. Mithilfe dieser Gleichung kann man versuchen, die Anzahl intelligenter Zivilisationen in der Milchstraße abzuschätzen, die zur Kommunikation mit uns in der Lage sind. Um diesen Wert laut Drake auszurechnen, muss man lediglich folgende Zahlen miteinander multiplizieren:
> die mittlere Sternentstehungsrate der Milchstraße
> der Anteil an Sternen in der Milchstraße mit Planeten
> die Anzahl an Planeten pro Planetensystem, die Leben entwickeln könnten
> der Anteil dieser Planeten, auf denen Leben bestehen könnte
> der Anteil dieser Planeten, auf denen intelligentes Leben entstehen könnte
> der Anteil dieser Planeten, deren Zivilisationen Signale aussenden könnten
> die Überlebenszeit einer solchen entwickelten Zivilisation.

Vielleicht merken Sie, dass wir unseren Taschenrechner doch erst einmal beiseitelegen müssen. Denn obwohl das Konzept der Drake-Gleichung sofort einleuchtend ist, sind viele der Parameter, die wir hier einsetzen müssen, gar nicht oder nur ungefähr bekannt. Beispielsweise können wir die mittlere Sternentstehungsrate der Milchstraße – Parameter Nummer eins – ziemlich gut abschätzen. Doch wie steht es mit der Anzahl an Planeten? Um dieser Frage auf den Grund zu gehen, machen wir einen kleinen Exkurs zu den Fragen der Planetenentstehung und zur Exoplanetenforschung.

Exkurs: Exoplaneten

Sterne entstehen aus großen Molekülwolken, die aus dem Gleichgewicht kommen und zu klumpen und zu fragmentieren beginnen (siehe Kapitel „Das Universum im Computer" und „Zur richtigen Zeit am richtigen Ort"). Das Material, aus dem der Stern entsteht, sammelt sich in einer rotierenden Scheibe und fällt langsam auf das Zentralgestirn ein, ähnlich wie bei einem Wasserstrudel in der Badewanne. Eine solche Scheibe nennt man Akkretionsscheibe oder pro-

Der erstentdeckte Exoplanet eines sonnenähnlichen Sterns kreist um 51 Pegasi.

toplanetare Scheibe. Die Gravitation sowie die elektromagnetische Kraft sorgen dann dafür, dass sich in der Scheibe selbst kleine Klümpchen bilden. Manche dieser Klümpchen werden im Lauf der Zeit zu echten Klumpen, den Planeten. Da die Scheibe relativ dünn ist, sind die Planeten immer auf einer Ebene anzutreffen.

Planeten sind also ein Nebenprodukt der Sternentstehung. Sie sind wie das Stroh der Weizenernte, der Treber des Bierbrauens. Das erklärt auch, warum Sonne und Erde ungefähr gleich alt sind.

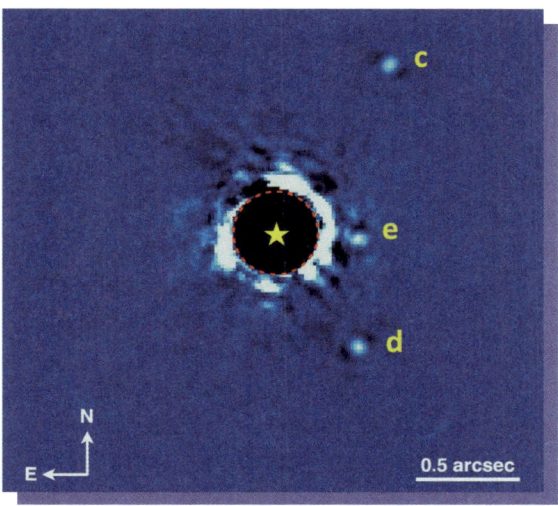

Eine direkte Aufnahme des Planetensystems um den Stern HR 8799. Der schwarze Kreis in der Mitte des Bildes zeigt eine Abdeckung, die das blendende Licht des Zentralsterns abschirmt.

Wenn Planeten mehr oder weniger gleichzeitig mit ihrem Heimatstern entstehen, liegt der Gedanke nahe, dass dieser Prozess nicht nur bei unserer Sonne, sondern womöglich auch woanders passiert sein könnte.

Doch wie könnte man andere Planeten jemals nachweisen, wenn sie selbst nicht leuchten? Einen Planeten um einen anderen Stern herum aufzuspüren, ist wie ein Glühwürmchen aus fünf Kilometern Entfernung beobachten zu wollen, das neben einer hellen Laterne fliegt. Tatsächlich wird schon seit langer Zeit spekuliert, dass unser Sonnensystem nicht einmalig ist. Mitte der 90er Jahre war es dann soweit: Der erste Exoplanet wurde zweifelsfrei nachgewiesen. Im Jahre 2019 bekamen die zwei Schweizer Astronomen Michel Mayor und Didier Queloz den Nobelpreis „für die Entdeckung eines Exoplaneten, der einen sonnenähnlichen Stern umkreist" [4].

Nachgewiesen werden konnte er mithilfe einer gängigen Methode, die man Radialgeschwindigkeitsmethode nennt. Dabei sieht man den Planeten nicht direkt, sondern misst seinen Einfluss auf den Stern, den er umkreist. Die Existenz eines schweren Planeten führt dazu, dass der Stern leicht hin und her schwankt, was wiederum Spuren im Spektrum des Sterns hinterlässt.

Innerhalb der letzten 25 Jahre wurden mithilfe verschiedener Methoden schon über 5000 Exoplaneten entdeckt. Manche von ihnen kann man sogar direkt beobachten.

Planeten gibt es also nicht nur in unserem Sonnensystem. Prinzipiell können sie überall dort sein, wo Sterne geboren werden, und möglicherweise herrschen auf manchen von ihnen sogar ähnliche Bedingungen wie auf der Erde. Dank neuester Daten des Kepler-Weltraumsatelliten (2008–2018), der eigens dafür gebaut wurde, möglichst viele Exoplaneten aufzuspüren, können wir in etwa abschätzen, welche Sterne Planetensysteme haben und wie viele Planeten insgesamt vorkommen. Diese Daten helfen uns, die Wahrscheinlichkeit für außerirdisches Leben abzuschätzen. Also zurück zur Drake-Gleichung.

Sind wir allein?

Für die restlichen Drake-Parameter müssen wir allerdings grobe Abschätzungen machen. Als Referenz besitzen wir leider nur einen einzigen Datenpunkt: uns selbst. Natürlich ist das der große Kritikpunkt bei solchen Überlegungen, denn wie sonst kann man ohne irgendeinen Durchschnittswert, ohne eine Verteilung von Messgrößen statistische Vorhersagen machen?

Sicher ist diese Kritik gerechtfertigt, weshalb alle Abschätzungen, die die Zahl intelligenter Zivilisationen auszurechnen versuchen, immer vor diesem Hintergrund zu betrachten sind. Dennoch kann man mit dem Wissen, das wir über uns selbst und über das Universum haben, Modelle entwickeln, die plausible Angaben

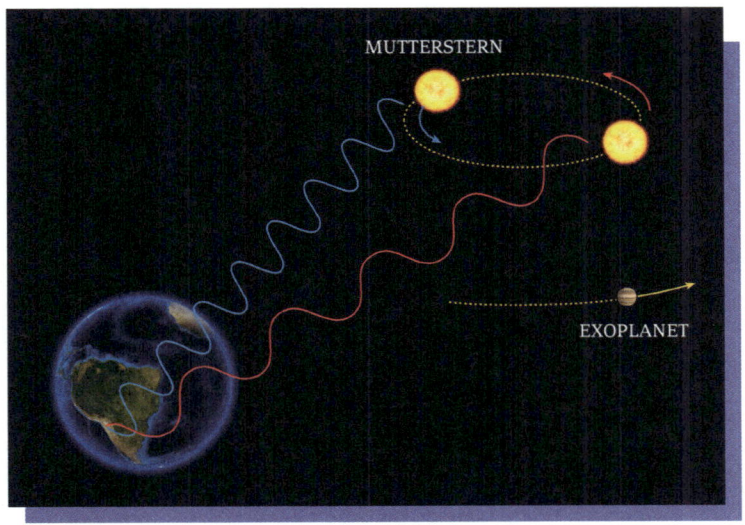

Exoplanetensuche mit der Radialgeschwindigkeitsmethode: Ein schwerer Planet lässt den Mutterstern um den gemeinsamen Schwerpunkt kreisen. Über den Dopplereffekt lässt sich diese Schwankung messen.

machen. Eine solche Abschätzung wurde vor ein paar Jahren von zwei Wissenschaftlern der University of Nottingham vorgenommen. In ihrer Veröffentlichung nutzen sie bereits vorhandenes Wissen über Sternentstehungsraten, Metallizitäten, Planetenverteilungen und habitable Zonen, um die Drake-Gleichung zu lösen [5]. Dabei gehen die Autoren von der Annahme aus, dass intelligentes Leben sich frühestens 4,5 Milliarden Jahre nach der Geburt des Sterns entwickeln kann. Das ist dadurch motiviert, dass die Entwicklung von intelligentem Leben auf der Erde so lange gebraucht hat.

> Vor grob 35.000 Jahren breitete sich in Europa der Cro-Magnon-Mensch aus. Neandertaler waren da vermutlich schon ausgestorben.

Das Ergebnis der Berechnungen ist eine erstaunliche Zahl, wenn man sich die Größe der Milchstraße vor Augen hält. Laut der Abschätzung könnte es allein in der Milchstraße 36 Zivilisationen geben, die die Fähigkeit haben, mit uns zu kommunizieren. Jedoch ist dies eine sehr konservative Zahl, die nur ein unteres Limit darstellt. Nimmt man nun an, dass diese Zivilisationen gleichmäßig in der Galaxie verteilt sind, bedeutet das, dass die nächste Zivilisation 17.000 Lichtjahre entfernt ist. Ihr eine Nachricht zu schicken und auf eine Antwort zu warten, würde 34.000 Jahre dauern, vorausgesetzt die andere Zivilisation verstünde unser verschwurbeltes Anliegen sofort. Bei solchen Wartezeiten macht ein Hin- und Herschreiben nicht so viel Spaß, die Aussicht auf aktive Kommunikation mit einer anderen Zivilisation ist daher ziemlich hoffnungslos. Bedeutet das also, dass wir nie herausfinden werden, ob und wo wir außerhalb der Erde noch Leben finden könnten?

Nicht unbedingt. Große Aufregung in der astronomischen Gemeinschaft gab es kürzlich erst bei der Untersuchung der Atmosphäre von Exoplaneten. Die neuen Daten des JWST eröffnen uns nie dagewesene Möglichkeiten, um die chemische Zusammensetzung dieser Exoplanetenatmosphären eingehender zu untersuchen. Alle Augen sind gerade auf WASP-39b gerichtet (siehe Grafik auf S. 58), einen Planeten, dessen Eigenschaften ein wenig dem Saturn ähneln und der einen Stern umkreist, der nur wenig kleiner ist als unsere Sonne. Das System ist 700 Lichtjahre von uns entfernt. In einer der ersten Analysen fand ein internationales Team von Astronominnen und Astronomen unter der Leitung von Natalie Batalha (University of California, Santa Cruz) das erste Mal Spuren von Kohlenstoff- und Schwefeldioxid in der Atmosphäre eines Exoplaneten. Solche Informationen werden unter anderem Rückschlüsse auf die Entstehung dieses Planeten zulassen.

Die aktuellen Beobachtungen zeigen aber auch: Wir sind in einer Ära angekommen, in der eventuell ein indirekter Nachweis von Leben möglich sein könnte. Mithilfe solcher Beobachtungen könnte man in Zukunft gar die genaue chemische Zusammensetzung der Exoplaneten entschlüsseln und mit Atmosphärenmodellen vergleichen. Fände man zum Beispiel einen höheren Anteil an Sauerstoff, als er mit gängigen Modellen vereinbar ist, könnte ein solches Ergebnis auf das Vorhandensein bestimmter Arten von Lebewesen auf dem Planeten hinweisen. Die nächsten Jahre werden sehr spannend werden. Am Heidelberger Max-Planck-Institut für Astronomie in Heidelberg wurde sogar eigens eine neue Abteilung gegründet [6]. Viele Ressourcen weltweit fließen in die Erforschung von Exoplanetenatmosphären.

Doch auch wenn man tatsächlich Spuren von Leben außerhalb der Erde finden sollte, wird das nicht sofort Rückschlüsse auf die Entwicklungsstufe des dortigen Lebens zulassen, denn eine Kommunikation ist und bleibt ziemlich aussichtslos.

Ein neuer Blick zurück

Das Artemis-Programm der NASA in Kooperation mit der ESA (European Space Agency), JAXA (Japan Aerospace Exploration Agency) und CSA (Canadian Space Agency) soll in den nächsten

Jahren erstmals wieder Menschen auf dem Mond landen lassen. Am 16. November 2022 startete ein Testflug (Artemis 1), brachte das Raumschiff Orion ohne menschliche Besatzung in den Mondorbit und kehrte erfolgreich am 11. Dezember 2022 zurück. Am 28. November 2022 – Orion war gerade in maximaler Distanz zur Erde – machte die Kamera an Bord, ähnlich wie Voyager 1 vor über 30 Jahren, aus 500.000 Kilometern Entfernung ein Bild des Mondes und unserer Erde. Obwohl dieses Bild aus einer sehr viel kleineren Entfernung aufgenommen wurde als der „Pale Blue Dot", ist die Perspektive, die diese Bilder schaffen, ähnlich.

Auch das Zitat von Carl Sagan, das zu Beginn des Kapitels genannt wurde, ist zeitlos und passt selbst nach vielen Jahrzehnten noch. Die Erde erscheint als kleine blaue Kugel in der Dunkelheit

Erde und Mond von der Artemis 1 aus gesehen.

und aus den in diesem Kapitel beschriebenen Berechnungen und Abschätzungen wird deutlich, dass wir auf absehbare Zeit mit uns selbst auskommen müssen [7]. Deswegen sollte man sich Carl Sagans fast 30 Jahre alten Rat „freundschaftlicher und mitfühlender miteinander umzugehen und diesen blassblauen Punkt, das einzige Zuhause, das wir je gekannt haben, zu bewahren und zu pflegen", immer noch sehr zu Herzen nehmen.

Das Kapitel in Kürze:

- Die Erde ist ein besonderer Planet und umkreist zusammen mit sieben weiteren Planeten die Sonne. Planeten entstehen in protoplanetaren Scheiben als Nebenprodukt bei der Geburt von Sternen. Stand 2023 sind mehr als 5000 Exoplaneten – Planeten, die andere Sterne als unsere Sonne umkreisen – bekannt.
- Die Erde befindet sich in der zirkumstellaren habitablen Zone, in der es gemäßigt warm ist, sodass Wasser dauerhaft in flüssiger Form vorkommt, eine Grundvoraussetzung für das Leben. Die Erde ist der einzige Planet im Sonnensystem, der sehr mittig innerhalb dieser Zone liegt.
- Das Erdmagnetfeld schützt die Erde vor dem solaren Wind, einem konstanten Strom aus geladenen Teilchen, der die Entstehung von Leben erschwert hätte. Unser Mond stabilisiert die Rotation der Erde und führt so zu gemäßigten Gezeiten und stabilen klimatischen Bedingungen. Die Entwicklung von intelligentem Leben wurde durch diese Reihe an besonderen Gegebenheiten begünstigt.
- Mithilfe der sogenannten Drake-Gleichung lässt sich abschätzen, wie viele Zivilisationen ähnlich der unseren es in der Milchstraße geben könnte. Ergebnisse von 2020 schätzen diese Zahl auf ca. 36 solcher Zivilisationen. Die mittlere Entfernung zur nächsten Zivilisation macht direkte Kommunikation jedoch unmöglich.
- Durch die Untersuchung der Atmosphären von Exoplaneten könnten eventuell in naher Zukunft indirekte Spuren von Leben auf anderen Planeten als der Erde nachgewiesen werden.

Epilog

Alles Zufall im All?

Wir leben in einem sehr erstaunlichen Universum. Ein Universum, das so unwirklich und zufällig erscheint, dass man über seine Herkunft und seinen Sinn schnell ins Grübeln gerät. Doch scheint es, als stünden wir mit seiner Erforschung erst am Anfang, denn an jeder Ecke warten neue Rätsel, die von uns entschlüsselt werden wollen.

Unsere lange Reise durch die Geschichte des Universums hat Erstaunliches zutage gefördert. Angefangen bei den bemerkenswerten Entwicklungen im frühen Universum bis hin zur Entstehung und Entwicklung der Galaxien, des Sonnensystems und unserer Erde, scheint es auf den ersten Blick, als sei das Universum für unser Dasein wie geschaffen. Doch wäre es vorschnell diesen Schluss zu ziehen, ohne die mannigfaltigen Vorkommnisse mit einer gewissen emotionalen Distanz zu betrachten.

Wie wir heute wissen, ist die Wissenschaft durchaus imstande, zahlreiche Phänomene unter Zuhilfenahme einiger grundlegender Prinzipien zu erklären. Da wäre zum einen das Gesetz der großen Zahlen. Wenn wir tatsächlich – so wie es die Stringtheorie vorhersagt – in einem gigantischen Blasenuniversum leben, würde die Frage nach einer wie auch immer gearteten kosmischen Feinabstimmung hinfällig werden. Statistisch betrachtet wäre es zugleich wenig verwunderlich, in einem beliebigen Universum wie dem unseren das Licht der Welt zu erblicken, denn in einem gigantischen Multiversum, dessen Landschaft beliebig viele Welten mit unterschiedlichen Parametern aufweist, mag die Vielzahl an Realisierungsmöglichkeiten Grund genug sein, damit sich in einer dieser Welten irgendwann intelligentes Leben entwickeln kann.

Schließlich sind vergleichbare Argumente auch konkret auf unser eigenes Universum anwendbar. In einem irrsinnig großen Galaxiensee, der über Jahrmilliarden hinweg Sterne wie unsere Sonne beheimatet, die wiederum von einer Vielzahl von unterschiedlichen Planeten umkreist werden, gibt es eine schier immense Zahl möglicher Konfigurationen, die die Entstehung von intelligenten Lebensformen erlaubt haben könnten. Die Kombination aus günstigem habitablem Zeitalter einerseits, habitabler galaktischer Zone und habitabler zirkumstellarer Zone andererseits ist sehr wohl auch an anderen Orten des Universums denkbar, was zwangsläufig bedeuten würde, dass weder die Milchstraße noch unser Sonnensystem besonders sind. Stattdessen ist es sehr wahrscheinlich – glaubt man der Drake-Gleichung –, dass wir nicht die einzigen Lebewesen in den Weiten des Universums sind, wenn man an dieser Stelle auch primitive Lebensformen wie etwa Bakterien oder bestimmte Einzeller mit einschließt.

Im kleinen Maßstab mag ein ähnliches Argument sogar für die Arten an sich gelten, denn es scheint, als wäre die Theorie der Selektion und Mutation von Charles Darwin, dem Begründer der Evolutionstheorie, als organisatorisches Prinzip allein ausreichend, um die Entstehung des gesamten Artenreichtums auf unserem Planeten zufriedenstellend zu erklären. Ob ein ähnliches Prinzip jedoch auch für Lebewesen auf anderen Planeten zutrifft, können wir aktuell noch nicht mit hundertprozentiger Sicherheit beantworten, allerdings wäre es wohl für alle Astrobiologen eine große Überraschung, wenn die Natur hier andere Wege einschlagen würde.

Zudem beschränken sich unsere Beobachtungen bislang ausschließlich auf ein und dasselbe Universum, und es erscheint unwahrscheinlich, dass sich dies in naher Zukunft ändern wird, um die Frage nach dem kosmischen Zufall zufriedenstellend beantworten zu können.

Ein Kollege von uns hat einmal in einer Bar nach drei Bier scherzhaft behauptet, die Kosmologie sei in Wahrheit gar keine richtige Wissenschaft, weil sie eine irreführende Statistik mit nur einem einzigen Datenpunkt betreibe, womit er unser eigenes Universum meinte. Das konnte er jedoch nur sagen, weil er selbst Kosmologe ist. Nach den drei Bier waren sich dann trotzdem alle einig, dass es zu schön wäre, wenn wir irgendwann weitere Datenpunkte in die Statistik einbeziehen könnten. In diesem Sinne scheint die naive Annahme, dass unsere Welt auf irgendeine Art und Weise einzigartig sein soll, recht wenig plausibel zu sein, auch wenn unzählige kosmische Ereignisse, die wir Ihnen auf den vergangenen Seiten vorgestellt haben, zunächst das Gegenteil vermuten lassen.

Vielleicht haben Sie dieses Buch ja gekauft, weil Sie inständig gehofft haben, eine zufriedenstellende Antwort auf die Frage des kosmischen Zufalls zu erhalten und warum es uns Menschen gibt. Natürlich hoffen wir sehr, dass die Lektüre nicht nur herausfordernd war, sondern Ihnen auch etwas Spaß gemacht hat, Sie hier und da grübeln und schmunzeln konnten und sich mit unserer Faszination für das Universum vielleicht angesteckt haben. Trotzdem können wir die Antwort auf die Frage nach dem Zufall im All an dieser Stelle nicht einfach so pauschal präsentieren. Mit einem eindeutigen Ja oder Nein können letztlich weder wir noch der aktuelle Stand der Forschung noch sonst wer aufwarten. Dennoch ist es bemerkenswert, dass wir das gesamte Universum mithilfe unserer physikalischen Theorien in all seinen Facetten zufriedenstellend beschreiben können. Schon Galileo Galilei wusste das damals, als er behauptete, dass das Buch der Natur in der Sprache der Mathematik geschrieben sei. Gut 400 Jahre später ist schließlich klar, dass sowohl die Gesetze des Mikro- als auch des Makrokosmos durch die Gleichungen der Physik vollständig festgelegt sind. Diese Tatsache allein kann einem schon die Sprache verschlagen.

Die Kosmologie und die extragalaktische Astrophysik sind ein Triumph des menschlichen Geistes. Die physikalischen Gesetze, die auf Basis unserer Erfahrungen gefunden wurden – sei es in den Laboren dieser Welt oder durch regelmäßige Betrachtung der Planetenbahnen im Sonnensystem – scheinen selbst in den Weiten des Alls über Jahrmilliarden hinweg ihre Gültigkeit zu bewahren. Im Jahr 2023 können wir mit unseren Teleskopen weiter in die Vergangenheit blicken als je zuvor. Dabei stellen wir fest, dass die Spektren von Galaxien, die existierten, als unser Universum gerade mal ein paar Millionen Jahre alt war, praktisch dieselben Emissions- und Absorptionslinien wie die Galaxien heute zeigen, was die Vermutung zulässt, dass Galilei mit seiner Behauptung nicht ganz Unrecht hatte.

Gleichzeitig wirft jede Entdeckung und jede neue Theorie mehr Fragen auf, als sie beantwortet. Wir verstehen gerade einmal einen winzigen Bruchteil unseres Kosmos, und bei Fragen nach der Natur der dunklen Materie oder der mysteriösen dunklen Energie tappen wir wortwörtlich weiterhin im Dunkeln. Dementsprechend liegen viele der Themen, die wir Ihnen, liebe Leserinnen und Leser, in diesem Buch präsentiert haben, aktuell noch im Bereich der theoretischen Spekulation, auch wenn es sich in vielen Fällen durchaus um wohl begründete Vermutungen handeln mag, die noch auf ihre finale Entdeckung warten. Entdeckungen, zu denen hoffentlich auch wir mit unserer Arbeit in Zukunft ein kleines Stück beitragen können. Doch bis es soweit ist, werden wir – Dominika und Erik – sicherlich noch die ein oder andere hitzige Diskussion über das Universum und das Leben in ihm führen, dessen Verletzlichkeit wir uns stets vor Augen halten sollten. Dazu passt beim nächsten Mal anstatt Pizza sicher auch mal eine gute Pasta mit Rotwein aus der Toskana. Und anschließend dann doch mal wieder ein warmer Erpel als Absacker in der Unteren Straße?

Danksagung

Solch ein Buchprojekt in Angriff zu nehmen, erfordert stets große Hingabe, eine gehörige Portion Fleiß, viel Koffein, starke Nerven, vor allem aber tatkräftige Unterstützung von vielen lieben Menschen.

Besonders bedanken möchten wir uns bei unseren Partnern, Sylvia Gaiser und Casimir Ulandowski, für ihre liebevolle Fürsorge und die ehrlichen Kommentare zum Text. Ohne Euch wäre das Buch sicher nur halb so gut geworden.

Unseren Familien und Eltern möchten wir für die jahrelange Unterstützung danken sowie für die immer aufmunternden und fürsorglichen Worte, auch und gerade in schwierigen Zeiten. Darüber hinaus danken wir allen Freunden, Lehrern, früheren Kommilitonen und Kollegen, dass sie mit uns so manch schwierige Diskussion über das Universum ausgefochten haben.

Ebenso danken wir den klugen Machern der weltweit beliebten Kinderserie Paw Patrol, dass sie die Kinder von Dominika gerade am Abend und am Wochenende bei Laune gehalten haben, auch (oder gerade) wenn Mama wieder am Schreibtisch saß.

Ohne den Kosmos-Verlag wäre dieses Buch wohl nie erschienen. Besonders bedanken möchten wir uns bei Sven Melchert, der das Projekt von Anfang an unterstützt und begleitet hat, Michael Geymeier für seine klugen Ratschläge zum Text und zum Cover sowie Véro Mischitz für ihre grandiosen Illustrationen!

Und last but not least gilt der Dank auch der Schulzi Pizzeria in Heidelberg für ihre große Gastfreundschaft, die grandiosen Pizzen und dass wir selbst vor den regulären Öffnungszeiten hineingelassen wurden.

Ihr alle habt uns tatkräftig ermutigt, dieses Projekt zu Ende zu bringen. Wir sind Euch allen zu großem Dank verpflichtet.

Quellen

Das Universum im Computer
[1] Bertram, E., Glover, S. C. O., Clark, P. C., Klessen, R. S., Star formation efficiencies of molecular clouds in a galactic centre environment, MNRAS. 451, 2015, S. 3679–3692.
[2] Bertram, E., Glover, S. C. O., Clark, P. C., Ragan, S. E., Klessen, R. S., Synthetic observations of molecular clouds in a galactic centre environment – I. Studying maps of column density and integrated intensity, MNRAS. 455, 2016, S. 3763–3778.
[3] Springel, V. et al., Simulations of the formation, evolution, and clustering of galaxies and quasars, Nature, 435, 2005, S. 629–636.
[4] Vogelsberger, M. et al., Introducing the Illustris Project. Simulating the coevolution of dark and visible matter in the Universe. MNRAS. 444, 2014, S. 1518–1547.

Das Tor zur Unendlichkeit
[1] Finkelstein, S. L., CEERS Key Paper I: An Early Look into the First 500 Myr of Galaxy Formation with JWST, arXiv, 2022.
[2] Castellano, M., Early Results from GLASS-JWST. III. Galaxy Candidates at z 9–15, ApJ, 938, 2022.
[3] Wylezalek, D., First Results from the JWST Early Release Science Program Q3D: Turbulent Times in the Life of a z~3 Extremely Red Quasar Revealed by NIRSpec IFU, ApJ, 940, 2022.
[4] ESA, Webb Uncovers Dense Cosmic Knot In The Early Universe, 22.10. 2022, https://esawebb.org/news/weic2217/
[5] NASA, NASA's Webb Uncovers Dense Cosmic Knot in the Early Universe, 22.10. 2022, https://webbtelescope.org/contents/news-releases/2022/news-2022-058
[6] The JWST Transiting Exoplanet Community Early Release Science Team, Identification of carbon dioxide in an exoplanet atmosphere, arXiv, 2022.
[7] NASA, NASA's Webb Detects Carbon Dioxide in Exoplanet Atmosphere, 25.8. 2022, https://www.nasa.gov/feature/goddard/2022/nasa-s-webb-detects-carbon-dioxide-in-exoplanet-atmosphere

Und es ward Licht
[1] Hubble, E., A relation between distance and radial velocity among extragalactic nebulae, Proceedings of the National Academy of Science, 15, 1929, S. 168–173.
[2] Lemaître, G., A Homogeneous Universe of Constant Mass and Growing Radius Accounting for the Radial Velocity of Extragalactic Nebulae, Annales Soc.Sci.Bruxelles A 47, 1927, S. 49–59, Gen.Rel.Grav. 45, 2013, S. 1635–1646.
[3] Guth, A., Inflationary universe: A possible solution to the horizon and flatness problems, Phys. Rev. D 23, 347, 1981.
[4] Alpher, R. A., Bethe, H., Gamow, G., The Origin of Chemical Elements, Physical Review. 73 (7), 1948, S. 803–804.

Irgendwas ist schief

[1] Hossenfelder, S., Das hässliche Universum. Warum unsere Suche nach Schönheit die Physik in die Sackgasse führt, Fischer, 2018
[2] Rubin, V., The rotation of spiral galaxies, Science 220.4604, 1983, S. 1339–1344.
[3] Zwicky, F., Die Rotverschiebung von extragalaktischen Nebeln. Helvetica Physica Acta. VI, 1933.
[4] Rubin, V., Bright Galaxies, Dark Matters, Vorwort, 1997.
[5] Ghosh, P., Large hadron collider: A revamp that could revolutionise physics, BBC, 22. April 2022, https://www.bbc.com/news/science-environment-61149387
[6] Valentino, E., Mena, O., Pan, S., Visinelli, L., Yang, W., Melchiorri, A., Mota, D. F., Riess, A. G., Silk, J., In the realm of the Hubble tension – a review of solutions, 2021, Classical and Quantum Gravity, 38.

Geometrie mal anders

[1] Sartorius von Waltershausen, W., Gauss zum Gedächtniss, Leipzig 1856, S. 101 f.
[2] Guth, A., Inflationary universe: A possible solution to the horizon and flatness problems, Physical Review D, 23, 1981, S. 347–356.

Kosmisches Finetuning

[1] Coleman, S., Fate of the false vacuum: Semiclassical theory, Phys. Rev. D 15, 2929, 1977.
[2] Higgs, P., Broken symmetries, massless particles, and gauge fields, Physics Letters. 12, 1964, S. 132–133.
[3] Smolin, L., The Life of the Cosmos, Oxford University Press, 1999.
[4] Linde, A. D., Eternally Existing Self-Reproducing Chaotic Inflationary Universe, Physics Letters B. 175 (4), 1986, S. 395–400.
[5] Wess, J., Zumino, B., Supergauge transformations in four dimensions, Nuclear physics. B. Amsterdam 70.1974, S. 39–50.
[6] Douglas, M., The statistics of string / M theory vacua, JHEP, 0305, 46, 2003.
[7] Greene, B., The Elegant Universe: Superstrings, Hidden Dimensions, and the Quest for the Ultimate Theory, Vintage, 2000.

Entstehung der Welteninseln

[1] https://www.zooniverse.org

Die schlafende Galaxie

[1] Gaia Collaboration, A. Vallenari et al, Gaia Data Release 3: Summary of the content and survey properties, 2022.
[2] Helmi, A. et al., The merger that led to the formation of the Milky Way's inner stellar halo and thick disk, Nature, 563, 2018, S. 85–88.
[3] Genzel, R., Eisenhauer, F., & Gillessen, S., The Galactic Center massive black hole and nuclear star cluster, Reviews of Modern Physics, 82, 2010, S. 3121–3195.
[4] Ghez, A. M., Measuring Distance and Properties of the Milky Way's Central Supermassive Black Hole with Stellar Orbits, ApJ, 689, 2008, S. 1044–1062.

[5] Su, M., Slatyer, T. R., & Finkbeiner, D. P., Giant Gamma-ray Bubbles from Fermi-LAT: Active Galactic Nucleus Activity or Bipolar Galactic Wind?, ApJ, 724, 2010, S. 1044–1082.
[6] Predehl, P., Detection of large-scale X-ray bubbles in the Milky Way halo, Nature, 588, 2020, S. 227–231.
[7] Prantzos, N., On the „Galactic Habitable Zone", Space Science Reviews, 135, 2008, S. 313–322.
[8] Balbi, A. & Tombesi, F., The habitability of the Milky Way during the active phase of its central supermassive black hole, Scientific Reports, 7, 2017.

Zur richtigen Zeit am richtigen Ort

[1] Bethe, H. A., Energy Production in Stars, Physical Review. 55, 1939, S. 434–456.
[2] von Weizsäcker, C. F., Über Elementumwandlungen im Innern der Sterne, Physikalische Zeitschrift, 38, 1937, S. 176–191 und 39, 1938, S. 633–646.
[3] Gonzalez, G., Habitable Zones in the Universe, Origins of Life and Evolution of the Biosphere, 35, 2005, S. 555–606.
[4] Kraus, A. L. et al., The Impact of Stellar Multiplicity on Planetary Systems. I. The Ruinous Influence of Close Binary Companions, AJ, 152, 2016.

Raumschiff Erde

[1] Laskar, J. & Robutel, P., The chaotic obliquity of the planets, Nature, 361, 1993, S. 608–612.
[2] https://evolutionsweg.de
[3] SETI, https://www.seti.org/drake-equation-index
[4] Mayor, M. & Queloz, D., A Jupiter-mass companion to a solar-type star, Nature, 378, 1995, S. 355–359.
[5] Westby, T. & Conselice, C. J., The Astrobiological Copernican Weak and Strong Limits for Intelligent Life, ApJ, 896, 2020.
[6] MPIA, https://www.mpia.de/de/apex
[7] Huang, S. S., Occurrence of life in the universe, Amer. Scientist 47, 1959, S. 397–402.

Weiterführende Literatur

- deGrasse Tyson, N., *Astrophysics for People in a Hurry*, W. W. Norton & Company, 2017
- Greene, B., *The Hidden Reality: Parallel Universes and the Deep Laws of the Cosmos*, Penguin, 2011
- Hawking, S., *Der große Entwurf: Eine neue Erklärung des Universums*, Rowohlt, 2010
- Krauss, L. M., *Ein Universum aus Nichts: ... und warum da trotzdem etwas ist*, Penguin Verlag, 2018
- Lesch, H. und Zaun, H., *Die kürzeste Geschichte allen Lebens: Eine Reportage über 13,7 Milliarden Jahre Werden und Vergehen*, Piper, 2009
- Lesch, H., Müller, J., *Kosmologie für Fußgänger: Eine Reise durch das Universum*, Goldmann Verlag, 2014
- Susskind, L., *The Cosmic Landscape: String Theory and the Illusion of Intelligent Design*, Black Bay, 2006
- Tegmark, M., *Unser mathematisches Universum: Auf der Suche nach dem Wesen der Wirklichkeit*, Ullstein, 2014
- Vaas, R., *Signale der Schwerkraft: Gravitationswellen: Von Einsteins Erkenntnis zur neuen Ära der Astrophysik*, Kosmos, 2017
- Weinberg, S., *The First Three Minutes: A Modern View Of The Origin Of The Universe*, Basic Books, 1993

Bildnachweis

VM = Véro Mischitz.

8: NASA, ESA, the Hubble Heritage Team (STScI/AURA), A. Nota (ESA/STScI), and the Westerlund 2 Science Team • 10: ESO/J. Girard (djulik.com) • 12–13: ESO/Y. Beletsky • 17: VM • 20: ESO/F. Kamphues • 22: VM • 24: Radio: VLA/NRAO/AUI/NSF; Infrarot: NASA/Spitzer/JPL-Caltech; Optisch: NASA, ESA, & Hubble (STScI); UV: XMM-Newton/ESA; Röntgen: NASA/Chandra/CXC • 26: NASA/Goddard Space Flight Center and the Advanced Visualization Laboratory at the National Center for Supercomputing Applications • 39: VM • 41: Erik Bertram • 43: MPA Garching/Springel et al. (2005) • 44: NASA/ESA, STScI MAST, Illingworth et al. 2013 & Illustris Collaboration/Illustris Simulation • 46: NASA, ESA, CSA, STScI • 48: NASA GSFC/CIL/Adriana Manrique Gutierrez • 50: VM • 53: NASA, ESA, CSA, STScI • 56: NASA, ESA, CSA, STScI; Science: Dominika Wylezalek (ZAH), Andrey Vayner (JHU), Nadia Zakamska (JHU), Q-3D Team; Image Processing: Leah Hustak (STScI) • 58: NASA, ESA, CSA, and L. Hustak (STScI). Science: The JWST Transiting Exoplanet Community Early Release Science Team • 60: NASA; ESA; G. Illingworth, D. Magee, and P. Oesch, University of California, Santa Cruz; R. Bouwens, Leiden University; and the HUDF09 Team • 62: NASA's Goddard Space Flight Center/CI Lab • 68: NASA • 70: Wikimedia Commons/Quantum Doughnut • 73: ESA/Planck Collaboration • 80: VM • 82: ESO/L. Calçada, M. Kornmesser • 87: VM • 89: VM • 91: VM • 93: VM • 101: NASA/ESA, The Hubble Key Project Team and The High-Z Supernova Search Team • 104: ESO/M. Kornmesser • 106: Urheber: Sauer Marketing, Gerhard und Maren Sauer. Lizensiert unter CC BY-SA 4.0 durch die Sammlung historischer physikalischer Apparate am I. Physikalischen Institut („Physicalisches Cabinet") der Georg-August-Universität Göttingen (Rechteinhaber) • 109: VM • 120: VM • 121: University of Florida / Simon Barke (CC BY 4.0) • 124: Wikimedia Commons/Jbourjai • 135: VM • 141: VM • 142: VM • 146: NASA/JPL-Caltech • 148: ESO/Juan Carlos Muñoz • 149: F. W. Herschel, Phil. Trans. 75, 213 (1785) • 157: NASA, ESA, M. Kornmesser • 159: M. Blanton und Sloan Digital Sky Survey (CC BY 4.0) • 161: VM • 164: Marcin Zajac/IAU OAE • 166: ESA/Gaia/DPAC, CC BY-SA 3.0 IGO • 169: VM • 171: VM • 173: VM • 176: Jeremy Sanders, Hermann Brunner und das eSASS-Team (MPE); Eugene Churazov, Marat Gilfanov (im Namen von IKI) • 180: The International Astronomical Union/Martin Kornmesser • 181: NASA/SDO/AIA • 183: VM • 185: VM • 187: NASA, ESA, NRAO/AUI/NSF and G. Dubner (University of Buenos Aires) • 194: Rho Oph: NASA, ESA, CSA, STScI, K. Pontoppidan (STScI), A. Pagan (STScI); Protostern L1527: NASA, ESA, CSA, and STScI, J. DePasquale (STScI); Krebsnebel: NASA, ESA and Allison Loll/Jeff Hester (Arizona State University). Acknowledgement: Davide De Martin (ESA/Hubble); Offener Sternhaufen NGC 3293: ESO/G. Beccari. • 196: NASA images by Reto Stöckli, based on data from NASA and NOAA • 198: NASA/JPL-Caltech • 199: VM • 202: Emanuele Balboni/IAU OAE • 204: Dominika Wylezalek • 207: Christian Marois (NRC Canada), Patrick Ingraham (Stanford University) and the GPI Team • 209: ESO • 212: NASA/ESA.

Impressum

Umschlaggestaltung von Gramisci Editorial Design (Sandra Gramisci), München, unter Verwendung einer Aufnahme des Planeten Saturn {Science: NASA, ESA, Amy Simon (NASA-GSFC), Michael H. Wong (UC Berkeley). Image Processing: Alyssa Pagan (STScI)}, des Webb's First Deep Field (NASA, ESA, CSA, STScI), von Privatfotos (Erik Bertram, Dominika Wylezalek) und Illustrationen von Véro Mischitz auf der Vorderseite sowie des Webb's First Deep Field und einer Aufnahme der Cosmic Cliffs in NGC 3324 (beide NASA, ESA, CSA, STScI) auf der Innenseite. Autorenfotos auf der Innenklappe von Maximilian König (Erik Bertram) sowie Universität Heidelberg, Kommunikation und Marketing (Dominika Wylezalek).

Mit 44 Farbabbildungen sowie 21 Illustrationen von Véro Mischitz.

Unser gesamtes Programm finden Sie unter **kosmos.de**
Über Neuigkeiten informieren Sie regelmäßig unsere Newsletter, einfach anmelden unter **kosmos.de/newsletter**

Gedruckt auf chlorfrei gebleichtem Papier

© 2023, Franckh-Kosmos Verlags-GmbH & Co. KG,
Pfizerstraße 5–7, 70184 Stuttgart
Alle Rechte vorbehalten
ISBN: 978-3-440-17790-7
Redaktion: Michael Geymeier
Satz: Text & Bild | Michael Grätzbach, Kernen im Remstal
Produktion: Ralf Paucke
Gestaltungskonzept: Gramisci Editorial Design, Sandra Gramisci, München
Druck und Bindung: Friedrich Pustet GmbH & Co. KG, Regensburg
Printed in Germany / Imprimé en Allemagne